高等院校
土木工程专业教材

# 建筑工程定额与清单计价习题集

## 第二版

唐明怡 编著



中国水利水电出版社
www.waterpub.com.cn

## 内 容 提 要

本习题集是《建筑工程定额与清单计价》（第二版）的配套用书。为了便于工程造价课程的教学，本习题集的章节编排次序与教材一致，并在各章节习题的基础上，设置了完整的单位工程造价计算的习题，供课程设计之用。

本习题集采用了单项选择题、多项选择题、判断题、思考题和分析计算题等多种习题形式，其中分析计算题部分针对房屋建筑中的各个分部分项工程均有相应的习题。通过分部分项工程习题的练习，以及完整的单位工程案例的练习，使学生最终掌握单位工程的计价方法。

本书既可作为普通高等院校建筑工程类专业工程造价类课程教材，也可作为成教、高职、电大、职大、函大、自考及培训班教学用书，同时可供相关从业人员参考。

**图书在版编目（CIP）数据**

建筑工程定额与清单计价习题集 / 唐明怡编著. -- 2版. -- 北京 : 中国水利水电出版社, 2011.1(2018.1重印)
高等院校土木工程专业教材
ISBN 978-7-5084-8094-7

Ⅰ. ①建… Ⅱ. ①唐… Ⅲ. ①建筑经济定额－高等学校－习题②建筑工程－工程造价－高等学校－习题 Ⅳ. ①TU723.3

中国版本图书馆CIP数据核字(2011)第007035号

| | |
|---|---|
| 书　名 | 高等院校土木工程专业教材<br>**建筑工程定额与清单计价习题集** 第二版 |
| 作　者 | 唐明怡　编著 |
| 出版发行 | 中国水利水电出版社<br>（北京市海淀区玉渊潭南路1号D座　100038）<br>网址：www.waterpub.com.cn<br>E-mail：sales@waterpub.com.cn<br>电话：(010) 68367658（营销中心） |
| 经　售 | 北京科水图书销售中心（零售）<br>电话：(010) 88383994、63202643、68545874<br>全国各地新华书店和相关出版物销售网点 |
| 排　版 | 中国水利水电出版社微机排版中心 |
| 印　刷 | 北京瑞斯通印务发展有限公司 |
| 规　格 | 184mm×260mm　16开本　7.25印张　172千字 |
| 版　次 | 2006年1月第1版<br>2011年1月第2版　2018年1月第8次印刷 |
| 印　数 | 21001—24000册 |
| 定　价 | **16.00**元 |

# 第二版前言

本习题集适用于建筑工程专业工程造价课的教学，与由中国水利水电出版社出版的《建筑工程定额与清单计价》（第二版）教材配套使用。为了便于教学，也为了促使学生尽快掌握每次课程教学的内容，本习题集的章节编排次序与教材一致，并在各章节习题的基础上，设置了完整的单位工程造价计算的习题，供课程设计之用。

为了让学生能够尽快掌握有关概念，本习题集采用了单项选择题、多项选择题、是非判断题、思考题和分析计算题等多种习题形式，其中分析计算题部分针对房屋建筑中的各个分部分项工程均有相应的习题供练习使用。通过对分部分项工程习题的练习，以及在本习题集的最后一章针对单位工程的完整案例的练习，旨在通过循序渐进的学习方式，使学生最终达到掌握单位工程计价的目的。

本次修订的原则是保持了第一版的特色、风格和基本结构，增加和调整了新内容，以适应目前快速发展的计价改革的要求。本习题集再版主要修订了以下内容：

（1）按照2008年12月1日发布的《建设工程工程量清单计价规范》（GB 50500—2008）对本习题集进行了调整。

（2）按照《建筑工程建筑面积计算规范》（GB/T 50353—2005）重新调整了建筑面积的计算。

（3）按照《江苏省建设工程费用定额》（2009年）调整了计价表计价的费用计算。

（4）考虑到第一版中的习题只给出了最终答案，有读者反映做不出答案的结果，因此第二版对于每章习题均给出了详细的解答过程，方便读者进行自学。

由于编写时间仓促，加之编者水平所限，书中不足之处在所难免，恳请同行和读者批评指正，以便不断修改完善。

**编　者**

2010年11月

# 第一版前言

本习题集适用于建筑工程专业造价课的教学，与中国水利水电出版社、知识产权出版社出版的《建筑工程定额与预算》教材配套使用。为了便于教学，也为了使学生尽快掌握每节课程教学的内容，本习题集的章节编排次序与教材一致。在各章节习题的基础上，本习题集还增加了完整的单位工程造价计算的习题案例，供课程设计之用。

为了能够让学生尽快掌握有关概念，本习题集采用了单项选择题、多项选择题、思考题和分析计算题等多种习题形式，其中分析计算题部分针对房屋建筑中的各个分部分项工程案例均有相应的习题练习。通过分部分项工程案例的分析计算，以及本习题集的最后一章针对单位工程的完整案例的练习，编者旨在通过循序渐进的方式，使学生掌握单位工程计价方法。

本习题集既是为高等院校教学编写的，也可作为工程造价人员的自学用书。

由于编写时间仓促和水平有限，书中不足之处在所难免，恳请同行和读者批评指正，以便再版时加以修改和完善。

编　者

2005 年 11 月

# 目　录

# 第1章 建筑工程定额与预算概述

## 一、单项选择题

1. 某新建工业建设项目的土建工程是一个（ ）。

A. 建设项目 B. 单项工程 C. 单位工程 D. 分部工程

2. 某新建小区的01栋房屋是一个（ ）。

A. 建设项目 B. 单项工程 C. 单位工程 D. 分部工程

3. 某工程有独立设计的施工图纸和施工组织设计，但建成后不能独立发挥生产能力，该工程应属于（ ）。

A. 分部分项工程 B. 单项工程 C. 分项工程 D. 单位工程

4. 一个建设项目往往包含多项能够独立发挥生产能力和工程效益的单项工程，一个单项工程又由多个单位工程组成。这体现了工程造价（ ）的特点。

A. 个别性 B. 差异性 C. 层次性 D. 动态性

5. 概算指标比概算定额（ ）。

A. 综合和概括 B. 详细具体 C. 精确 D. 内容少

6. 工程标底是工程项目的（ ）。

A. 中标合同价格 B. 招标预期价格 C. 施工结算价格 D. 工程概算总价格

7. 以下属于生产性定额的是（ ）。

A. 施工定额 B. 预算定额 C. 概算定额 D. 概算指标

8. 对某单项工程施工结束之后进行的计价称为（ ）。

A. 概算 B. 预算 C. 结算 D. 决算

9. 对建设项目最终计算造价称为（ ）。

A. 预算价 B. 结算价 C. 决算价 D. 工程价

10. 江苏省行政区域范围内一般工业与民用建筑的新建、扩建、改建工程及其单独装饰工程应使用（ ）。

A.《江苏省建筑与装饰工程计价表》 B.《全国统一建筑工程定额》

C.《江苏省市政工程定额》 D.《全国统一市政工程定额》

11. 建筑工程中的钢筋工程属于（ ）。

A. 单项工程 B. 单位工程 C. 分部工程 D. 分项工程

12. 以下（ ）定额是所有定额的基础。

A. 劳动定额 B. 施工定额 C. 预算定额 D. 概算定额

13. 企业定额的理想水平是（ ）。

A. 企业平均水平 B. 社会平均水平

C. 社会平均先进水平 D. 企业平均先进水平

14. 施工定额的理想水平是（ ）。

A. 企业平均水平 B. 社会平均水平

C. 社会平均先进水平 D. 企业平均先进水平

15. 所谓固定资产，是指使用年限在（ ）以上，单位价值在国家或各主管部门规定的限额以上的资产。

A. 半年 B. 一年 C. 二年 D. 三年

16. 编制企业定额最关键的工作是（ ）。

A. 确定人工的消耗量 B. 确定材料的消耗量

C. 确定机械台班的消耗量 D. 确定人工、材料、机械台班的消耗量

17. 只有消耗量的标准，没有价格标准的定额是（ ）。

A. 施工定额 B. 预算定额 C. 概算定额 D. 概算指标

18. 建设程序的可行性研究阶段所做的造价为（ ）。

A. 估算 B. 概算 C. 预算 D. 结算

19. 工程造价管理包括工程造价合理确定和有效控制两个方面。（ ）为控制拟建项目工程造价的最高限额。

A. 投资估算 B. 初步设计总概算

C. 施工图预算 D. 承发包合同价

20. 在建筑工程预算中，计价的最小单元为（ ）。

A. 单位工程 B. 分部工程 C. 分项工程 D. 工序

21. 预算定额的反映的理想水平是（ ）。

A. 企业先进水平 B. 社会平均合理水平

C. 平均先进水平 D. 企业平均水平

22. 在工程建设的程序中，经历了（ ）的多次性计价。

A. 估算→概算→修正概算→预算→决算→结算

B. 概算→估算→修正概算→预算→结算→决算

C. 概算→修正概算→估算→预算→结算→决算

D. 估算→概算→修正概算→预算→结算→决算

23. 具有独立的设计文件、在竣工后可以独立发挥效益或生产能力的产品车间生产线或独立工程是（ ）。

A. 单项工程 B. 单位工程 C. 分部分项工程 D. 建设项目

24. 工程建设都有一个较长的建设期。在建设期内，由于存在许多不可控制的因素，影响工程造价的变化，工程造价在整个建设期处于不确定状态，这体现了工程造价（ ）的特点。

A. 个别性 B. 差异性 C. 层次性 D. 动态性

25. 建设工程承包价格是对应于（ ）而言的。

A. 承包人 B. 承、发包双方 C. 发包人 D. 建设单位

26. 我国工程造价管理体制改革的最终目标是（ ）。

A. 加强政府对工程造价的管理 B. 企业自主报价，国家定额只作参考

C. 实行工程量清单计价 D. 建立以市场形成价格为主的价格机制

27. 按照我国现行投资构成，下列费用中不属于工程建设其他费用的是（ ）。

A. 勘察设计费 B. 研究试验费

C. 建设期贷款利息 D. 联合试运转费

28. 下列定额分类中属于按照生产要素消耗内容分类的是（　）。

A. 材料消耗定额、机械消耗定额、工器具消耗定额

B. 劳动消耗定额、机械消耗定额、材料消耗定额

C. 机械消耗定额、材料消耗定额、建筑工程定额

D. 资金消耗定额、劳动消耗定额、机械消耗定额

29. 基本预备费是指在（　）范围内难以预料的工程费用。

A. 可行性研究及投资估算　B. 设计任务书及批准的投资估算

C. 初步设计及概算　D. 施工图设计及预算

30. 在我国现行建设项目工程造价的构成中，工程建设的其他费用包括（　）。

A. 基本预备费　B. 税金

C. 建设期贷款利息　D. 与未来企业生产经营有关的其他费用

31. 预算定额的水平较施工定额的水平（　）。

A. 高　B. 低　C. 相同　D. 不同

32. 在某建设项目的投资构成中，设备购置费 1000 万元，工器具及生产家具购置费 200 万元，建筑工程费 800 万元，安装工程费 500 万元，工程建设其他费用 400 万元，基本预备费 150 万元，涨价预备费 350 万元，建设期贷款 2000 万元，应计利息 120 万元，流动资金 400 万元，则该建设项目的工程造价为（　）万元。

A. 3520　B. 3920　C. 5520　D. 5920

33. 建设项目的实际造价（　）。

A. 中标价　B. 承包合同价　C. 竣工决算价　D. 竣工结算价

34. 在我国现行建设项目工程造价的构成中，工程建设的其他费用包括（　）。

A. 涨价预备费　B. 直接费

C. 建设期贷款利息　D. 土地使用费

35. 工程造价（　）特征是一个逐步深化、逐步细化和逐步接近实际造价的过程。

A. 单件性计价　B. 多次性计价　C. 方法多样性　D. 组合性计价

36. 建设项目竣工决算包括的范围是（　）。

A. 从施工到竣工投产全过程的全部实际支出费用

B. 从筹建到竣工投产全过程的全部实际支出费用

C. 建筑安装工程费用和设备工器具购置费用

D. 建筑安装工程费用和其他费用

37. 工程决算是由（　）编制的。

A. 建设单位　B. 监理单位　C. 施工单位　D. 中介机构

38. 按照我国现行建设项目的投资构成，下列费用中不属于基本预备费的是（　）。

A. 设计变更增加的费用　B. 弥补自然灾害造成损失的费用

C. 局部地基处理增加的费用　D. 建设期内由于价格变化而增加的费用

39. 工程造价的第一种含义是：建设一项工程预期开支或实际开支的（　）费用。

A. 全部投资　B. 部分投资

C. 固定资产和流动资产　D. 全部固定资产投资

40. 现行固定资产投资方向调节税的税率为（　）。

A. 0　　B. 5%　　C. 10%　　D. 30%

41. 广义的工程造价是从（　）的角度进行定义的。

A. 建筑安装工程承包商　　B. 建筑安装工程发包商

C. 设备供应商　　D. 建设项目投资者

42. 建筑工程无法批量设计、批量生产，在造价上体现为造价的（　）特点。

A. 多次性计价　　B. 重复性计价

C. 单件性计价　　D. 组合性计价

43. 按照工程造价的广义的含义，工程造价是指（　）。

A. 建设项目总投资　　B. 建筑项目固定资产投资

C. 建设工程价格　　D. 建筑安装工程投资

44. 在工程建设的不同时期都要进行计价，分别形成估算价、概算价、预算价、结算价、决算价等，这体现了工程造价的（　）特点。

A. 多次性计价　　B. 重复性计价

C. 单件性计价　　D. 组合性计价

45. 下列（　）定额属于商业秘密，在不久的将来，将成为市场经济的主流。

A. 地区性　　B. 行业　　C. 企业　　D. 补充

46. 当建设工程进行竣工验收时，为了鉴定工程质量，对隐蔽工程进行必要的开挖和修复，费用应从（　）中支付。

A. 建设单位的基本预备费　　B. 建设单位的管理费

C. 施工单位的现场管理费　　D. 施工单位是其他直接费

47. 生产性建设工程总投资包括（　）和铺底流动资金两部分。

A. 设备及工器具投资　　B. 建筑安装工程投资

C. 流动资金　　D. 建设投资

48. 计算建设工程投资时，按照（　）顺序计算，并逐层汇总。

A. 分项、分部、单位、单项工程　　B. 土建、安装设备工程

C. 分部、分项、单项、单位工程　　D. 设备、土建、安装工程

49. 建筑安装工程费、设备工器具购置费、工程建设其他费和基本预备费组成（　）。

A. 动态投资　　B. 静态投资　　C. 建设投资　　D. 工程总投资

50. 企业定额水平与国家、行业或地区定额的关系是：企业定额应（　）国家、行业或地区定额，才能适应投标报价，增强市场竞争能力的要求。

A. 低于　　B. 等于　　C. 高于　　D. 不高于

**二、多项选择题**

1. 工程建设定额具有（　）的特征。

A. 计划性　　B. 科学性　　C. 系统性

D. 强制性　　E. 时效性

2. 以下属于固定资产投资的费用有（　）。

A. 建筑安装工程费　　B. 经营性项目铺底流动资金　　C. 预备费

D. 建设期贷款利息　　E. 设备及工器具购置费

3. 建设项目按照范围划分，包括（　）。

A. 单项工程　B. 单位工程　C. 分项工程
D. 工作过程　E. 工序

4. 下列（　）属于建筑工程定额的特性。
A. 真实性和科学性　B. 法规性和指令性
C. 系统性和统一性　D. 强制性和权威性
E. 稳定性和时效性

5. 下面（　）是工程计价的特点。
A. 多次性计价　B. 重复性计价　C. 单件性计价
D. 反复性计价　E. 组合性计价

6. 工程建设的其他费用构成中，属于与项目建设有关的其他费用的是（　）。
A. 勘察设计费　B. 生产准备费　C. 建设单位管理费
D. 工程监理费　E. 联合试运转费

7. 建设项目总投资主要分为两大部分，由（　）组成。
A. 固定资产投资　B. 建筑安装工程费用
C. 设备及工器具购置费　D. 预备费
E. 流动资产投资

8. 工程建设其他费用包括三大部分，由（　）组成。
A. 土地使用费　B. 设备及工器具购置费
C. 与项目建设有关的费用　D. 建设期贷款利息
E. 与未来生产经营有关的费用

9. 基本预备费是在初步设计及概算内难以预料的工程费用，主要内容包括（　）。
A. 设计变更、局部地基处理增加的费用
B. 自然灾害造成的损失
C. 批准的初步设计范围内，技术设计过程中增加的工程费用
D. 竣工验收时为鉴定工程质量对隐蔽工程进行必要的挖掘和修复费用
E. 利率、汇率调整增加的费用

**三、判断题**（正确的在括号内打“√”，错误的在括号内打“×”）

1. 生产经营性项目铺底流动资金是指生产经营性项目为保证生产和经营正常进行，按其所需流动资金的20%作为铺底流动资金计入建设项目总概算。（　）

2. 施工定额水平与劳动生产率水平变动方向一致，与劳动和物质消耗水平变动方向相反。（　）

3. 初步设计阶段按照有关规定编制的初步设计总概算，经有关机构批准，即为控制拟建项目工程造价的最高限额。（　）

4. 预算定额是以概算定额为基础综合扩大编制的，同时它也是编制施工定额的基础。（　）

5. 概算指标表示在正常施工技术条件下，以单项工程为对象，完成规定计量单位合格产品所必须消耗的人工、材料和机械的数量和资金标准。（　）

6. 预算定额的项目划分很细，是工程建设定额中分项最细，定额子目最多的一种定额。（　）

7. 广义的工程造价指的是完成一个工程建设项目固定资产部分所需费用的总和。( )

8. 定额是规定了生产各种产品的劳动生产率标准的一本书。随着社会的进步，劳动生产率也会变化，那么定额也应该变化。( )

9. 劳动生产率水平越高，施工定额水平也越高。( )

10. 建设单位委托工程造价咨询企业审核工程结算，其工程造价咨询费属于工程建设其他费用。( )

**四、思考题**

1. 建筑工程定额与预算的用途是什么?
2. 举例说明建设项目按照由大到小的分类。
3. 简述工程造价的两种含义并说明其组成。
4. 与建设程序相配合进行哪些计价?
5. 简要说明施工定额与预算定额的不同点。

# 第 2 章　建筑工程定额原理

## 一、单项选择题

1. 组织上分不开、技术上相同的施工过程，且工人班组、工作地点、施工工具和材料均不发生变化的是（　）。

A. 操作　B. 工序　C. 工作过程　D. 综合工作过程

2. 下列工人工作时间消耗不可以计价的是（　）。

A. 工人多余工作时间　B. 非施工原因的时间损失

C. 工人辅助工作时间　D. 工人准备工作时间

3. 下列工人工作时间消耗可以索赔的是（　）。

A. 工人多余工作时间　B. 非施工原因的时间损失

C. 工人辅助工作时　D. 工人准备工作时间

4. 具有技术简便、费力不多、应用面广和资料全面的优点，且在我国广泛采用的一种用来编制定额的计时观察法是（　）。

A. 测时法　B. 写实记录法　C. 工作日写实法　D. 混合法

5. 某出租车公司提议在运载乘客过程中出现等待时间的要计费，该等待时间属于（　）。

A. 不可避免的中断时间　B. 不可避免的无负荷时间

C. 机械停工时间　D. 多余工作时间

6. 某出租车公司要求增加空驶费，该空驶时间属于（　）。

A. 不可避免的中断时间　B. 不可避免的无负荷时间

C. 机械停工时间　D. 有根据降低负荷下的工作时间

7. 下列机械工作时间消耗不可以计价的是（　）。

A. 不可避免的中断时间　B. 不可避免的无负荷时间

C. 多余工作时间　D. 非施工本身原因的机械停工时间

8. 下列机械工作时间消耗可以索赔的是（　）。

A. 不可避免的中断时间　B. 不可避免的无负荷时间

C. 多余工作时间　D. 非施工本身原因的机械停工时间

9. 只能对单人进行定额测定的方法是（　）。

A. 测时法　B. 数示法　C. 图示法　D. 混合法

10. 对 4 人同时进行定额测定采用的是（　）。

A. 测时法　B. 数示法　C. 图示法　D. 混合法

11. 在工人工作时间消耗的分类中，其工作的时间长短与所担负的工作量大小无关，但往往与工作内容有关的是（　）。

A. 施工本身造成的停工时间　B. 准备与结束工作时间

C. 不可避免的中断时间　D. 基本工作时间

12. 在工人工作时间消耗的分类中，与产品生产无关，而与施工组织和技术上的缺点有关，与工人在施工过程的个人过失或某些偶然因素有关的时间消耗是（ ）。

A. 损失的时间　　B. 准备与结束工作时间

C. 不可避免的中断时间　　D. 基本工作时间

13. 在工人工作时间消耗的分类中，直接与施工过程的技术操作发生关系的时间消耗是（ ）。

A. 损失的时间　　B. 准备与结束工作时间

C. 不可避免的中断时间　　D. 基本工作时间

14. 在工人工作时间消耗的分类中，与施工过程的技术操作没有直接关系的工序，为了保证基本工作的顺利进行而做的辅助性工作所需消耗的时间是（ ）。

A. 施工本身造成的停工时间　　B. 准备与结束工作时间

C. 辅助工作时间　　D. 基本工作时间

15. 工人进行的任务以外的而又不能增加产品数量的工作是（ ）。

A. 辅助工作　　B. 多余工作　　C. 偶然工作　　D. 必然工作

16. 计时观察法最主要的三种方法是（ ）。

A. 测时法、写实记录法、混合法

B. 写实记录法、工作日写实法、混合法

C. 测时法、写实记录法、工作日写实法

D. 写实记录法、选择测时法、工作日写实法

17. 根据计时观察法测得工人工作时间：基本工作时间 61min，辅助工作时间 9min，准备与结束工作时间 13min，不可避免的中断时间 6min，休息时间 9min，则其作业时间与规范时间分别是（ ）min。

A. 83、15　　B. 70、19　　C. 83、6　　D. 70、28

18. 运输汽车装载保温泡沫板，因体积大但重量不足而引起的汽车在降低负荷的情况下工作的时间属于机器工作时间消耗中的（ ）。

A. 有效工作时间　　B. 不可避免的无负荷工作时间

C. 多余工作时间　　D. 低负荷下的工作时间

19. 从施工过程组织的复杂程度上说，浇筑混凝土结构应属于（ ）。

A. 工序　　B. 工作过程

C. 综合工作过程　　D. 非循环施工过程

20. 抹灰工在抹灰时拔掉遗留在墙上的钉子，则该时间应属于（ ）。

A. 多余工作时间　　B. 偶然工作时间

C. 必须消耗的时间　　D. 基本工作时间

21. 在各种计时观察法中，最准确、完善，精度最高的应该是（ ）。

A. 选择法测时　　B. 接续法测时　　C. 写实记录法　　D. 工作日写实法

22. 在我国应用最广的编制定额的方法是（ ）。

A. 选择法测时　　B. 接续法测时　　C. 工作日写实法　　D. 写实记录法

**二、多项选择题**

1. 在下列工人工作时间中，包含在定额中或在定额中给予合理考虑的时间有（ ）。

A. 休息时间　　B. 多余工作时间

C. 不可避免的中断时间　　D. 偶然工作时间
E. 非施工本身造成的停工时间

2. 在下列施工机械工作时间中，应计入定额时间或在定额中给予适当考虑的时间有（　）。

A. 不可避免的无负荷工作时间　　B. 不可避免的中断时间
C. 工人休息时间　　D. 低负荷下的有效工作时间
E. 非施工本身造成的停工时间

3. 计时观察法分为（　）。

A. 测时法　　B. 图示法　　C. 写实记录法
D. 工作日写实法　　E. 混合法

4. 在下列工人工作时间中，不予计价的时间有（　）。

A. 休息时间　　B. 多余工作时间　　C. 违背劳动纪律时间
D. 偶然工作时间　　E. 非施工本身造成的停工时间

5. 在下列施工机械工作时间中，不予计价的时间有（　）。

A. 工人休息时间　　B. 多余工作时间
C. 违背劳动纪律时间　　D. 偶然工作时间
E. 施工本身造成的停工时间

6. 下列时间中应该计入定额时间的是（　）。

A. 休息时间　　B. 多余工作时间
C. 施工本身造成的停工时间
D. 与施工过程工艺特点有关的工作中断时间
E. 与施工过程工艺特点无关的工作中断时间

7. 根据工人工作时间分类，下列属于必须消耗的时间是（　）。

A. 工人下班前工具整理所耗的时间
B. 钢筋工在钢筋下料前熟悉图纸所耗的时间
C. 墙体砌筑工人等待砂浆所耗的时间
D. 因短暂停电而导致配合机械工作的工人停工所耗的时间
E. 工人交接班所耗的时间

8. 由同一工人或同一工人班组所完成的在技术操作上相互联系的工序的综合，称为工作过程。其特点是（　）。

A. 劳动者可以变换　　B. 工作地点可以变换
C. 材料可以变换　　D. 工具可以变换
E. 工作时间不变

9. 属于损失时间但应该计价的是（　）。

A. 休息时间　　B. 不可避免中断时间
C. 偶然工作时间　　D. 施工本身造成的停工时间
E. 非施工本身造成的停工时间

10. 下列对于施工过程的描述中，属于动作的是（　）。

A. 把钢筋放在工作台上　　B. 走向钢筋堆放处

C. 弯腰拿起钢筋　　　　D. 弯曲钢筋

E. 将钢筋移到支座前面

**三、判断题**（正确的在括号内打“√”，错误的在括号内打“×”）

1. 从施工的技术操作和组织的观点看，工序是最简单的施工过程。（ ）

2. 工作日写实法是一种精确度比较高的计时观察法，主要用于测定循环工作的工时消耗，而且测定的主要是“有效工作时间”中的“基本工作时间”。（ ）

3. 从劳动过程的观点看，工序可以分解为许多操作，而操作本身又由若干动作所组成。（ ）

4. 测定定额时需分解和标定到操作为止。（ ）

5. 工作时间，指的是工作班延续时间（不包括午休）。（ ）

**四、思考题**

1. 何谓工时研究？其目的是什么？

2. 对产品计价，首先要获得生产产品所消耗的人工费、材料费和机械费，定额中是如何计算人工费、材料费和机械费的？

3. 在工人工作时间中哪些时间是在定额中考虑的？哪些时间是通过索赔考虑的？

4. 在机械工作时间中哪些时间是在定额中考虑的？哪些时间是通过索赔考虑的？

5. 简要说明采用计时观察法测定定额的思路。

**五、分析计算题**

1. 某人工挖土的基本工作时间为30min，由工时规范查得，该工序的辅助工作时间占工序作业时间的6%，规范时间占定额时间的12%。求该工序的定额时间。

2. 某市出租车公司提议：当出租车低速行驶时（时速小于12km），每行驶2.5min加收1元钱，遇红灯等待每2.5min加收1元钱。根据定额原理说明该提议是否合理？为什么？

3. 某工人砌墙$2m^3$，经验收不合格，推倒重砌，第二次验收合格，项目经理只认可$2m^3$的砌墙工作量。项目经理的做法是否合理？为什么？

4. 某建筑工地联系了一辆卡车准备将场内垃圾运到垃圾场，卡车到达后，因情况有变暂不需要使用卡车，因此要求卡车回程，卡车司机要求支付一定的费用，工地负责人认为卡车没有运垃圾，不肯支付费用。卡车司机的要求是否合理？为什么？

5. 对某施工队浇捣混凝土的时间进行定额测定，经过1个工作日（8h）的跟踪测定，整理数据如下：基本工作时间4.0h，辅助工作时间1.25h，准备与结束时间0.25h，休息时间0.75h，多余工作时间1h，违背劳动纪律时间0.75h。计算该工序的定额时间。

# 第3章　施　工　定　额

## 一、单项选择题

1. 某砌砖班组有12名工人，砌筑某办公楼1砖半混水外墙需8天完成，砌砖墙的时间定额为1.25工日/$m^3$，该班组完成的砌筑工程量（　）。

A. 80$m^3$　　B. 76.8$m^3$　　C. 115.2$m^3$　　D. 120$m^3$

2. 某瓦工班组20人，砌1砖厚砖基础，基础埋深1.3m，5天完成89$m^3$的砌筑工程量，砌筑砖基础的时间定额是（　）。

A. 0.89工日/$m^3$　　B. 1.12$m^3$/工日　　C. 0.89$m^3$/工日　　D. 1.12工日/$m^3$

3. 劳动定额的主要表现形式是时间定额，但同时也表现为产量定额，时间定额与产量定额的关系是（　）。

A. 互为倒数　　B. 独立关系　　C. 正比关系　　D. 相关关系

4. 已知挖50$m^3$土方，按现行劳动定额计算共需20工日，则其时间定额和产量定额分别为（　）。

A. 0.4、0.4　　B. 0.4、2.5　　C. 2.5、0.4　　D. 2.5、2.5

5. 直接性材料的消耗量是指（　）。

A. 摊销量　　B. 净耗量　　C. 周转使用量　　D. 材料用量

6. 周转性材料的消耗量是指（　）。

A. 摊销量　　B. 一次使用量

C. 周转使用量　　D. 一次使用量加合理损耗

7. 1名工人工作4h，其工日数为（　）。

A. 4　　B. 8　　C. 0.5　　D. 1

8. 一台混凝土搅拌机搅拌一次延续时间为120s（包括上料、搅拌、出料时间），一次生产混凝土0.2$m^3$，一个工作班的纯工作时间为4h，则该搅拌机的正常利用系数和产量定额为（　）。

A. 0.5、48　　B. 2、48　　C. 0.5、24　　D. 2、24

9. 标准1砖砌体的灰缝厚为0.01m，则每立方米标准1砖砌体的砂浆净用量为（　）$m^3$。

A. 0.226　　B. 0.191　　C. 0.234　　D. 0.194

10. 计算用黏土实心砖（240mm×115mm×53mm）砌筑1$m^3$半砖厚内墙（灰缝10mm）所需砖、砂浆定额用量（砖、砂浆损耗率按1%计算）（　）。

A. 534、0.228　　B. 529、0.226　　C. 552、0.192　　D. 558、0.194

11. 直接性材料必须消耗量等于（　）。

A. 净耗量＋总损耗量　　B. 净耗量＋运输损耗量

C. 净耗量＋操作损耗量　　D. 净耗量＋不可避免损耗量

12. 已知钢筋必须消耗量为300t，损耗率为2%，那么钢筋的净耗量为（　）t。

A. 306　　B. 306.1　　C. 294.1　　D. 294

13. 对一个3人小组的砌墙工作进行定额测定，该组工人经过1天的工作（其中共损失4h时间），砌筑了25 $m^3$ 的墙体，该组工人的产量定额为（ ）。

A. 0.1　B. 10　C. 0.12　D. 8.33

14. 对于水泥砂浆等配比类材料，定额中是按（ ）计算其消耗量的。

A. 水泥　B. 水泥＋砂　C. 水泥＋砂＋水　D. 水泥砂浆

15. 对于块体类材料，计算其定额材料消耗量的方法是（ ）。

A. 观测法　B. 试验法　C. 统计法　D. 理论计算法

16. 下列材料量在目前的招投标中可以随意下降的是（ ）。

A. 材料净耗量　B. 材料损耗量　C. 材料摊销量　D. 材料用量

17. 材料损耗率计算公式，可以表示为（ ）×100%。

A. 损耗量/净耗量　B. 净耗量/损耗量　C. 损耗量/总用量　D. 净耗量/总用量

18. 采用试验室试验法确定材料消耗量的是（ ）。

A. 水泥　B. 石子　C. 黄沙　D. 油漆

19. 在编制机械台班定额时，机械纯工作时间是指（ ）。

A. 正常负荷下的工作时间　B. 有效工作时间

C. 必须消耗的时间　D. 机械一台班工作时间

20. 地砖规格为200mm×200mm，灰缝1mm，其损耗率为1.5%，则100$m^2$ 地面地砖消耗量为（ ）。

A. 2475块　B. 2513块　C. 2500块　D. 2462.5块

## 二、多项选择题

1. 施工定额中直接性材料消耗定额的制定方法有（ ）。

A. 观测法　B. 理论计算法　C. 比较类推法

D. 经验估计法　E. 统计法

2. 施工定额的作用表现在（ ）。

A. 是企业计划管理的依据

B. 是企业提高劳动生产率的手段

C. 是企业计算工人劳动报酬的依据

D. 是编制施工预算、加强企业成本管理的基础

E. 是企业组织和指挥施工生产的有效工具

3. 施工定额中人工消耗定额的制定方法有（ ）。

A. 观测法　B. 理论计算法　C. 比较类推法

D. 经验估计法　E. 统计分析法

4. 包含在定额直接性材料的消耗量中的有（ ）。

A. 材料净耗量　B. 不可避免的施工操作损耗

C. 不可避免的施工废料　D. 损失的材料

E. 摊销量

5. 下列（ ）说法是正确的。

A. 施工定额主要用于与甲方计算工程造价

B. 施工定额主要用于与甲方核算

C. 施工组织设计是编制施工定额的依据
D. 施工定额用于下达施工任务书和限额领料单
E. 施工定额是编制施工作业计划的依据

6. 采用试验室试验法确定材料消耗量的有（ ）。
A. 混凝土　B. 钢筋　C. 碎石
D. 涂料　E. 沥青

7. 根据材料消耗的情况，可以将材料分为（ ）。
A. 直接性材料　B. 必须消耗量　C. 损失的量
D. 周转性材料　E. 不可避免的材料损耗

8. 下列（ ）是采用试验室试验法确定其材料消耗量的。
A. 黏土实心砖　B. 混凝土　C. 门窗
D. 水泥砂浆　E. 沙子

9. 下列采用理论计算法确定材料消耗量的是（ ）。
A. 黏土实心砖　B. 水泥　C. 沙子
D. 地砖　E. 大理石

10. 项目经理在现场施工管理活动中一般应熟练使用（ ）。
A. 估算指标　B. 概算定额　C. 预算定额
D. 结算定额　E. 施工定额

**三、判断题**（正确的在括号内打“√”，错误的在括号内打“×”）

1. 时间定额与产量定额的关系可以表示为：时间定额×产量定额=1。（ ）

2. 直接性材料是不允许随意让利的，而措施性材料可以随意让利。（ ）

3. 周转性材料是指在建筑工程施工中，一次性消耗并直接构成工程实体的材料。（ ）

4. 木模板材料消耗量的计算公式如下：摊销量=周转使用量-回收量×回收折价率。（ ）

5. 定额中，钢模板比木模板多计算一项回库修理和保养费。（ ）

**四、思考题**

1. 说明施工定额的作用。

2. 项目经理在施工管理的哪些方面要用到施工定额？具体如何使用？

3. 简要说明施工定额中人工、材料和机械的消耗量是如何确定的。

**五、分析计算题**

1. 对一个3人小组进行砌墙施工过程的定额测定，3人经过1天的工作，砌筑完成$5m^3$的合格墙体，计算该组工人的时间定额和产量定额。

2. 对一个3人小组进行砌墙施工过程的定额测定，3人经过2天的工作（其中损失4h时间），砌筑完成$8m^3$的合格墙体，计算该组工人的时间定额和产量定额。

3. 某载重汽车进行循环装、卸货工作，装货与卸货点间的距离为15km，平均行驶速度（重车与返回空车速度的平均值）为60km/h，装车、卸车和等待时间分别为15min、10min和5min，汽车额定平均装载量为5t，载重汽车的时间利用系数为0.8，计算该载重汽车的产量定额。

4. 计算用黏土实心砖（240mm×115mm×53mm）砌筑 $1m^3$ 半砖厚内墙（灰缝10mm）所需砖、砂浆定额用量（砖、砂浆损耗率按1%计算）。

5. 某教室地面图形如图3－1所示，拟粘贴600mm×600mm的地砖（灰缝2mm），计算地砖定额用量（地砖损耗率按2%计算）。

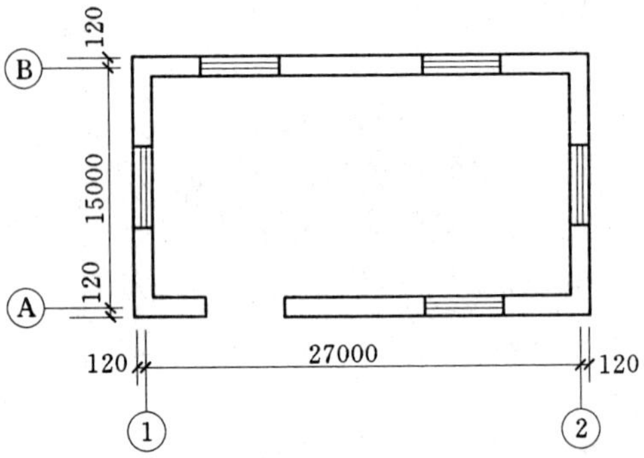


图3－1

6. 第5题将地砖改为500mm×500mm（无缝粘贴），其余条件不变，计算地砖定额用量（地砖损耗率按2%计算）。

7. 按某施工图计算一层现浇混凝土柱接触面积为100 $m^2$，混凝土构件体积为16 $m^3$，采用木模板，每平方米接触面积需模量1.1 $m^2$，模板施工制作损耗率为5%，周转补损率为12%，周转次数8次，计算所需模板单位面积、单位体积摊销量。

8. 按某施工图计算一层现浇混凝土柱接触面积为100 $m^2$，混凝土构件体积为16 $m^3$，采用组合钢模板，每平方米接触面积需模量1.1 $m^2$，模板施工制作损耗率为3%，周转次数50次，计算所需模板单位面积、单位体积摊销量。

9. 已知某工程工期400天，其中80%的施工时间需使用自有脚手架，一次使用量为1000t，每吨脚手架价格为3000元，若脚手架残值率为5%，耐用期为2000天，脚手架的搭、拆、运输费为20000元，计算该工程分摊的脚手架费。

10. 已知工程使用某周转使用临时设施，面积为 $500m^2$，每平方米造价为2000元，预计可使用6年，年利用率为80%，该工程预计工期为200天，周转使用临时设施的一次性拆除费为5000元，计算该工程分摊的周转使用临建费。

# 第4章 建筑工程预算定额

## 一、单项选择题

1. 预算定额项目的划分与步距之间的关系是（ ）。

A. 步距大，定额子目就会增加，精确度会降低

B. 步距小，定额子目就会减少，精确度会降低

C. 步距大，定额子目就会减少，精确度会增加

D. 步距小，定额子目就会增加，精确度会增加

2. 预算定额的人工工日消耗量包括（ ）。

A. 基本用工、其他用工　　B. 基本用工、辅助用工

C. 基本用工、人工幅度差　　D. 基本用工、其他用工、人工幅度差

3. 施工机械工作一天24h或停置一天24h，其工作台班和停置台班分别为（ ）。

A. 3、1　　B. 1、3　　C. 1、1　　D. 3、3

4. 大修周期与寿命期内大修理次数的关系应该是（ ）。

A. 大修周期＝寿命期内大修理次数＋1

B. 大修周期＝寿命期内大修理次数

C. 大修周期＝寿命期内大修理次数－1

D. 大修周期＝寿命期内大修理次数＋经常修理次数

5. 下列费用中不属于材料预算单价中采购及保管费的是（ ）。

A. 工地保管费　　B. 仓储费　　C. 装卸费　　D. 仓储损耗

6. 已知一批材料的原价为100万元，其中含包装费10万元。运杂费15万元，其中含包装费3万元，运输损耗率为2%，则运输损耗为（ ）万元。

A. 2.00　　B. 1.80　　C. 2.30　　D. 2.04

7. 在人工单价的组成内容中，生产工人探亲、休假期间的工资属于（ ）。

A. 基本工资　　B. 工资性津贴　　C. 辅助工资　　D. 职工福利费

8. 根据我国现行建筑安装工程费用项目组成的规定，直接从事建筑安装工程施工的生产工人的福利费应计入（ ）。

A. 人工费　　B. 规费　　C. 企业管理费　　D. 现场管理费

9. 根据我国现行建筑安装工程费用项目构成的规定，工地现场材料采购人员的工资应计入（ ）。

A. 人工费　　B. 材料费　　C. 现场经费　　D. 企业管理费

10. 按照现行规定，下列哪项费用不属于材料费的组成内容（ ）。

A. 运输损耗费　　B. 材料运杂费

C. 材料二次搬运费　　D. 采购及保管费

11. 机械台班单价中的折旧费计算公式为（ ）。

A. 台班折旧费＝机械预算价格/耐用总台班数

B. 台班折旧费＝机械预算价格×（1－残值率）/耐用总台班数

C. 台班折旧费＝机械预算价格×（1－残值率）×贷款利息系数/耐用总台班数

D. 台班折旧费＝机械账面净值/耐用总台班数

12. 某砌筑工程，工程量为 $10m^3$，每立方米砌体需要基本用工 0.85 工日，辅助用工和超运距用工分别是基本用工的 25%和 15%，人工幅度差系数为 10%，则该砌筑工程的人工工日消耗量是（ ）工日。

A. 13.09 B. 15.58 C. 12.75 D. 12.96

13. 材料预算价格是指材料从其来源地到达施工工地仓库后出库的（ ）。

A. 平均价格 B. 综合平均价格 C. 指导价格 D. 计划价格

14. 预算定额中的材料消耗包括（ ）。

A. 施工操作损耗 B. 施工现场堆放损耗

C. 场内运输损耗 D. 场外运输损耗

15. （ ）不记入人工工日单价。

A. 生产工人工资性补贴 B. 职工福利费

C. 生产工人劳动保护费 D. 现场管理费

16. 设 $1m^2$ 分项工程，其中基本用工 2 工日，超运距用工 0.5 工日，辅助用工 1 工日，人工幅度差系数 15%，则该工程预算定额人工消耗量为（ ）工日。

A. 3.8 B. 3.875 C. 4.025 D. 3.725

17. 预算定额中从材料的集中堆放地到操作地点的水平运距是按照（ ）考虑的。

A. 50m B. 100m C. 150m D. 200m

18. 因购买的黄沙不合要求，需要对其进行筛砂处理，该人工消耗包含在（ ）内。

A. 基本用工 B. 辅助用工 C. 超运距用工 D. 人工幅度差

19. 质量检查和隐蔽工程验收时的工时损失包含在（ ）内。

A. 基本用工 B. 辅助用工 C. 超运距用工 D. 人工幅度差

20. 在预算定额人工工日消耗量计算时，已知完成单位合格产品的基本用工为 22 工日，超运距用工为 4 工日，辅助用工为 2 工日，人工幅度差系数是 12%，则预算定额中的人工工日消耗量为（ ）工日。

A. 3.36 B. 25.36 C. 28 D. 31.36

21. 某施工队为某工程施工购买水泥，从甲单位购买水泥 100t，单价 280 元/t；从乙单位购买水泥 100t，单价 260 元/t；从丙单位 200t，单价 240 元/t（这里的单价均指材料原价），该水泥的材料原价为（ ）元。

A. 260 B. 255 C. 280 D. 240

22. 材料预算价格是指（ ）。

A. 材料出厂价

B. 材料出厂价与采购保管费之和

C. 从其来源地运到工地仓库后的出库价格

D. 材料供应价

23. 材料的场外运输损耗包含在（ ）内。

A. 材料损耗量 B. 材料预算单价 C. 材料保管费 D. 材料运杂费

24. 材料入库后到使用期间的损耗包含在（ ）内。

A. 材料原价 B. 运杂费 C. 保管费 D. 采购费

25. 某施工机械设计使用 6 年，耐用总台班为 1500 台班，使用期内大修理周期为 3，一次大修理费为 6000 元，则台班大修理费为（ ）元。

A. 16 B. 8 C. 2 D. 1.33

26. 大型施工机械在施工现场内单位工程或栋号之间的转移，按其场外运输费用的（ ）计算。

A. 25% B. 50% C. 75% D. 90%

27. 预算定额中的檐高是指（ ）至檐口的高度。

A. 设计室外地面 B. 实际室外地面 C. 设计室内地面 D. 实际室内地面

28. 凡檐高在（ ）内的平房、围墙、层高在 3.6m 以内单独施工的一层地下室工程，不得计取垂直运输机械费。

A. 2.2m B. 3.6m C. 5m D. 8m

29. 由于我国幅员辽阔、各地气候条件差别较大，故将全国划分为Ⅰ、Ⅱ、Ⅲ类地区，分别制定工期定额。江苏属于（ ）类地区。

A. Ⅰ B. Ⅱ C. Ⅲ D. Ⅰ和Ⅱ

30. 江苏省计价表中，除脚手架、垂直运输费用定额已注明其适用高度外，其余章节超过（ ）时，建筑工程另按建筑物超高增加费用定额计算超高增加费。

A. 20m B. 30m C. 40m D. 50m

31. 某钢筋混凝土现浇圈梁，截面尺寸 $b \times h = 240\text{mm} \times 180\text{mm}$，梁长 3m，该梁的含模量（ ）$m^2/m^3$。

A. 19.44 B. 13.89 C. 11.11 D. 8.33

32. 某钢筋混凝土现浇单梁，截面尺寸 $b \times h = 240\text{mm} \times 180\text{mm}$，梁长 3m，该梁的含模量（ ）$m^2/m^3$。

A. 19.44 B. 13.89 C. 11.11 D. 8.33

33. 施工定额中从材料的集中堆放地到操作地点的水平运距是按照（ ）考虑的。

A. 50m B. 100m C. 150m D. 200m

34. 不需要拆卸安装自身能开行的机械（履带式除外），如自行式铲运机、平地机、轮胎式装载机及水平运输机械等，其场外运输费（含回程费）按（ ）个台班费计算。

A. 1 B. 2 C. 3 D. 4

35. 已知 1 $m^3$C25 混凝土含 32.5 级水泥 470kg，中砂 0.682t，碎石 1.176t，水 0.21$m^3$；水泥预算价 0.28 元/kg，中砂 38.00 元/t，碎石 27.80 元/t，水 2.80 元/$m^3$，该 1$m^3$ 混凝土的材料预算价为（ ）元。

A. 190.21 B. 190.80 C. 280.00 D. 345.80

36. 定额中遇有两个或两个以上系数时，按（ ）计算。

A. 乘法 B. 连乘法 C. 加法 D. 连加法

**二、多项选择题**

1. 预算定额中人工工日消耗量是由（ ）组成。

A. 基本用工 B. 企业管理人员用工

C. 其他用工 D. 现场管理人员用工

E. 人工幅度差

2. 材料预算价格中包含（ ）费用。

A. 材料原价　B. 运输损耗费　C. 运杂费

D. 采购保管费　E. 保险费

3. 定额的材料损耗量包括了（ ）。

A. 场外运输损耗　B. 场内运输损耗

C. 加工制作损耗　D. 施工操作损耗

E. 仓储损耗

4. 自有施工机械台班单价的组成中包括（ ）。

A. 操作人员人工费　B. 养路费及车船使用税

C. 大修理费　D. 机械租赁费

E. 机械保险费

5. 在下列项目中，建筑安装工程人工工资单价组成内容包括（ ）。

A. 基本工资　B. 流动施工津贴

C. 防暑降温费　D. 工人病假6个月以上工资

E. 取暖费

6. 机械台班单价组成内容包括（ ）。

A. 机械预算价格　B. 机械折旧费

C. 机械经常修理费　D. 机械燃料动力费

E. 机械操作人员的工资

7. 下列（ ）机械在台班费外可另外计取场外运费。

A. 混凝土搅拌机　B. 自行式铲运机　C. 污水泵

D. 塔吊　E. 钢筋弯曲机

8. 下列费用中（ ）属于停置机械台班单价的费用组成。

A. 操作人员人工费　B. 养路费及车船使用税

C. 大修理费　D. 机械租赁费

E. 机械保险费

9. 江苏省计价表中的综合单价包括（ ）。

A. 人工费　B. 机械费　C. 管理费

D. 利润　E. 税金

10. 建设单位完成了材料的采购和运输，工程决算甲方扣除甲供材料费时，应将甲供材料费中的（ ）退还给施工方。

A. 材料原价　B. 运输费　C. 下力费

D. 采购费　E. 保管费

11. 工程结束进行财务决算时，甲方应从施工方工程造价中扣除（ ）。

A. 甲供材料费　B. 材料费　C. 管理费

D. 水、电费　E. 税金

12. 下列关于二次搬运费说法正确的是（ ）。

A. 对原材料不能计算二次搬运费

B. 对预制构件可以计算二次搬运费

C. 由于建筑处于小巷之中，汽车无法进入，可以计算二次搬运费

D. 建设单位未能按正常的施工组织设计提供材料堆放场地，可以计算二次搬运费

E. 由于材料运到现场后，需再次搬运到加工地点，可以计算二次搬运费

13. 下列属于预算定额机械台班消耗量中机械幅度差的是（ ）。

A. 供电线路故障检修而发生的机械运转中断时间

B. 气候变化影响机械工时利用的时间

C. 工程收尾和工作量不饱满造成的机械停歇时间

D. 配合机械施工的工人因与其他工种交叉造成的间歇时间

E. 运输车辆在装货和卸货时的停车时间

14. 下列费用包含或可能包含在材料价格中的材料运杂费中的是（ ）。

A. 包装费　　B. 装卸费　　C. 运输损耗

D. 调车费　　E. 运输费

15. 下列费用中不属于人工单价组成内容的有（ ）。

A. 生产工人的劳保福利费

B. 生产工人的工会经费和职工教育经费

C. 现场管理人员的工资

D. 生产工人辅助工资

E. 生产工人退休后的退休金

16. 材料采购保管费包括（ ）。

A. 采购费　　B. 场外运输费　　C. 工地保管费

D. 仓储损耗　　E. 仓储费

**三、判断题**（正确的在括号内打“√”，错误的在括号内打“×”）

1. 人工幅度差是指在劳动定额中未包括而在正常施工情况下不可避免但又很难精确计算的用工和各种工时损失。（ ）

2. 预算定额中人工工日消耗量是由分项工程所综合的各个工序劳动定额包括的基本用工、其他用工和人工幅度差三部分组成的。（ ）

3. 在定额用工中已考虑将材料从仓库或集中堆放地搬运至操作现场的水平运输用工。劳动定额综合按 50m 运距考虑，而预算定额是按 100m 考虑的。（ ）

4. 台班是按 8h 计算的，一天 24h，机械台班一天可以算 3 个。（ ）

5. 配比材料在定额中是以成品形式来记录其消耗量和单价的。（ ）

**四、分析计算题**

1. 已知完成某一工序套劳动定额得到的基本用工 12.5 工日，超运距用工 0.8，辅助用工 1.05，人工幅差系数采用 12% ，该子目的预算定额人工工日消耗量应是多少工日？

2. 已知某挖土机挖土，一次正常循环工作时间是 40s，每次循环平均挖土量 0.3$m^3$，机械正常利用系数为 0.8，机械幅度差为 25%。计算该机械挖土方 1000$m^3$ 的预算定额机械耗用台班量。

3. 某工地水泥从两个地方采购，从甲地采购 300t，单价 240 元/t，运杂费 20 元/t，

运输损耗率 0.5%，采购及保管费率 3%；从乙地采购 200t，单价 250 元/t，运杂费 15 元/t，运输损耗率 0.4%，采购及保管费率 3%。计算该工地水泥的预算单价。

4. 某施工队为某工程施工购买钢筋，从甲单位购买钢筋 100t，单价 4000 元/t；从乙单位购买钢筋 200t，单价 3800 元/t；从丙单位购买钢筋 500t，单价 3700 元/t（这里的单价均指材料原价）。采用汽车运输，甲地距工地 40km，乙地距工地 60km，丙地距工地 80km。根据该地区公路运价标准：汽运货物运费为 0.4 元/(t·km)，装、卸费各为 10 元/t，采保费率各为 1%，其余不计，求该钢筋的预算价格。

5. 由于甲方出现变更，造成施工方两台斗容量为 1.5$m^3$ 的履带式单斗挖掘机各停置 2 天，计算由此产生的停置机械费用。

6. 某小区内安装有线电视，该施工企业要求签证计算车辆使用费，理由是人员、材料和机械需要进场施工，问：可否签证？说明理由。

7. 工程结算时，除了要扣除甲供材的费用外，还需要扣除水、电费，说明扣除水、电费的方法。

8. 某施工单位提出，甲方在工程结算时扣除电费是不合理的，因为在定额工料中不含电，问：施工单位的提议是否正确？为什么？

9. 某施工单位在签证抽水机的机械工作台班时要求同时签证管理抽水机的人员的工日，可否？为什么？如果施工单位要求签证的是停置台班，可否签证人员的工日？为什么？

10. 计价表 5－32 有梁板混凝土 C25，三类工程，其余同计价表内容，计算该子目综合单价。

11. 某工程施工招标中甲方确定水泥为甲供材，以 250 元/t 计入工程造价，实际按甲方水泥购买价组成预算价格为 280 元/t，结算中定额水泥含量为 500t，施工方从甲方领水泥 480t，现场甲方签证每吨水泥下力费 10 元，问施工单位应退价的数额。

12. 第 11 题中施工方从甲方领水泥 600t，其余条件完全一样，问施工单位应退价的数额。

13. 某工程施工招标中甲方确定木材为甲供材，以 1500 元/$m^3$ 计入工程造价，实际按甲方木材板材（25mm 厚以内）购买价组成预算价格为 1800 元/$m^3$，结算中定额周转木材含量为 200$m^3$，施工方从甲方领木材 215$m^3$，现场甲方签证每立方米木材下力费 10 元，问施工单位应退价的数额（按计价表规定计算）。

14. 第 13 题中施工方从甲方领取木材 240$m^3$，出材率 91%，其余条件完全一样，问施工单位应退价的数额（按正常退价方式计算）。

# 第5章　建筑工程费用定额

## 一、单项选择题

1. 下列费用中属于企业管理费的是（　）。

A. 工程排污费　　B. 医疗保险费　　C. 住房公积金　　D. 办公费

2. 下列费用中属于规费的是（　）。

A. 工伤保险费　　B. 劳动保险费　　C. 财产保险费　　D. 车辆保险费

3. 夜间施工增加费是指因夜间施工所发生的夜间补助费、夜间施工照明设备摊销、照明用电及（　）等费用。

A. 夜间补助费　　B. 夜间施工降效　　C. 夜间劳保费　　D. 安全措施费

4. 措施费中已完工程保护费包括成品保护所需机械费、材料费和（　）。

A. 动力费　　B. 劳保费　　C. 临时设施费　　D. 人工费

5. 我国现行建筑安装工程费用构成中，材料的二次搬运费应计入（　）。

A. 直接工程费　　B. 措施费　　C. 企业管理费　　D. 规费

6. 按照我国的现行规定，施工单位所需的临时设施搭建费属于（　）。

A. 直接工程费　　B. 措施费　　C. 企业管理费　　D. 工程建设其他费

7. 下列税费中计入建筑安装工程费的是（　）。

A. 教育费附加　　B. 外贸手续费　　C. 进口关税　　D. 增值税

8. 下列费用属于措施费用的是（　）。

A. 材料二次搬运费　　B. 联合试运转费

C. 设备运杂费　　D. 差旅交通费

9. 以下不应计入人工费的是（　）。

A. 辅助工资　　B. 生产工人基本工资

C. 生产工人工资性补贴　　D. 职工养老保险

10. 下列不属于材料预算价格的费用是（　）。

A. 材料原价　　B. 材料包装费

C. 材料采购保管费　　D. 新型材料试验费

11. 建筑安装工程造价中的税金不包括（　）。

A. 营业税　　B. 所得税

C. 城乡维护建设税　　D. 教育费附加

12. 为保证筹建和建设工作正常进行所需办公设备、生活家具等购置费用应计入（　）。

A. 建设单位管理费　　B. 办公和生活家具购置费

C. 生产准备费　　D. 建设单位临时设施费

13. 下列费用在报价时允许竞争的是（　）。

A. 工程排污费　　B. 建筑安全生产监督费

C. 机械台班单价　　D. 社会保障费

14. 材料的二次搬运费属于（ ）。

A. 现场管理费 B. 企业管理费 C. 措施项目费 D. 规费

15. 建筑垃圾清理外运费用包含在（ ）内。

A. 环境保护费 B. 现场安全文明施工措施费

C. 已完工程及设备保护费 D. 其他项目费

16. 包工包料工程社会保障费的取费计算基数为（ ）。

A. 分部分项工程费

B. 分部分项工程费＋措施项目费

C. 分部分项工程费＋措施项目费＋其他项目费

D. 措施项目费

17. 计算工程造价的首要工作是（ ）。

A. 计算工程量 B. 列项目 C. 套定额 D. 取费

18. 下列包括在工程造价中但不是必然属于施工方工程款的是（ ）。

A. 企业管理费 B. 检验试验费 C. 利润 D. 暂列金额

19. 计价表中企业管理费和利润的取费基数为（ ）。

A. 人工费 B. 机械费

C. 人工费＋机械费 D. 人工费＋材料费＋机械费

20. 计价表中企业管理费的取费费率与（ ）有关。

A. 檐口高度 B. 建筑面积 C. 层数 D. 工程类别

21. 单独承包地下室工程的最低取费为（ ）标准。

A. 一类 B. 二类 C. 三类 D. 四类

22. 厂区围墙、道路、下水道、挡土墙等零星项目，均按（ ）标准执行。

A. 一类 B. 二类 C. 三类 D. 四类

23. 强夯法加固地基、基础钢管支撑均按（ ）标准执行。

A. 一类 B. 二类 C. 三类 D. 四类

24. 深层搅拌桩、粉喷桩、基坑锚喷护壁按打灌注桩基工程（ ）标准执行

A. 一类 B. 二类 C. 三类 D. 四类

25. 不同层数组成的单位工程，当高层部分的面积（竖向切分）占总面积（ ）以上时，按高层的指标确定工程类别。

A. 20％ B. 30％ C. 40％ D. 50％

26. 建筑工程类别的划分与下列（ ）无关。

A. 施工难易 B. 建筑物层数 C. 建筑面积 D. 企业资质

27. 定额中的企业管理费是按照建筑工程中的（ ）工程标准的费率计算的。

A. 一类 B. 二类 C. 三类 D. 四类

28. 大型土石方和单独土（石）方工程：指单独编制概预算或在一个单位工程内挖方或填方在（ ）$m^3$ 以上的工民建土（石）方工程。

A. 2000 B. 2500 C. 4000 D. 5000

29. 甲方在招标文件中规定门窗为甲方单独分包，乙方可据此计算（ ）费用。

A. 总承包服务费 B. 暂列金额 C. 暂估价 D. 门窗工程款

30. （ ）应按照有关文件的规定计取，作为不可竞争费用，不得让利，也不得任意调整计算标准。

A. 分部分项工程费　　B. 措施项目费

C. 其他项目费　　D. 规费

31. 包工不包料、点工的企业管理费和利润（ ）。

A. 按费率计取　　B. 不计算

C. 含在人工单价内　　D. 含在消耗量内

32. 我国现行建筑安装工程定额规定，6个月以上的病假人员工资应计入（ ）。

A. 企业管理费　B. 规费　C. 措施费　D. 直接费

33. 为施工准备、组织生产和管理所需的费用是指（ ）。

A. 安装工程费　B. 企业管理费　C. 规费　D. 其他直接费

**二、多项选择题**

1. 单位工程施工图预算，目前主要存在（ ）计价方式。

A. 单位估价法计价　　B. 预算法计价

C. 工程量清单计价　　D. 计价表计价

E. 费用计价

2. 套用定额进行计价，有（ ）几种方式。

A. 直接套用　B. 换算套用　C. 做补充定额

D. 测定定额　E. 标定定额

3. 下列费用为不可竞争费用的是（ ）。

A. 利润　　B. 环境保护费

C. 暂列金额　　D. 建筑安全监督管理费

E. 住房公积金

4. 建筑工程造价由五大项费用组成，包括（ ）等费用。

A. 分部分项工程费　　B. 环境保护费

C. 措施项目费　　D. 利润

E. 管理费

5. 计价表中的企业管理费和利润是以（ ）为基数取费率计算的。

A. 人工费　B. 材料费　C. 机械费

D. 直接费　E. 综合单价

6. 建筑安装工程中计取的税金包含（ ）等内容。

A. 营业税　B. 所得税　C. 教育费附加

D. 增值税　E. 城市建设维护税

7. 下列费用属于建筑安装工程措施费范围的是（ ）。

A. 脚手架　　B. 构成工程实体的材料费

C. 材料二次搬运费　　D. 施工排水、降水费

E. 施工现场办公费

8. 下列费用中，应列入建筑安装工程人工费中的是（ ）。

A. 生产工人教育经费　　B. 生产工人劳动保护费

C. 生产工人退休工资　　D. 生产工人辅助工资

E. 生产工人福利费

9. 根据我国现行建筑安装工程费用项目组成，下列属于社会保障费的是（　）。

A. 住房公积金　B. 养老保险费　C. 失业保险费

D. 医疗保险费　E. 危险作业意外伤害保险费

10. 下列费用中属于企业管理费的是（　）。

A. 夜间施工增加费　　B. 已完工程及设备保护费

C. 工程排污费　　D. 劳动保险补助费

E. 生产工具用具使用费

11. 根据我国现行税法的规定，可以计入建筑安装工程的税费有（　）。

A. 房产税　B. 车船使用税　C. 教育费附加

D. 营业税　E. 固定资产投资方向调节税

12. 下列费用中属于规费的是（　）。

A. 养老保险费　　B. 失业保险费

C. 医疗保险费　　D. 危险作业意外伤害保险费

E. 劳动保险费

13. 临时设施费用内容包括（　）等费用。

A. 临时设施的搭设　　B. 照明设施的搭设

C. 临时设施的维修　　D. 临时设施的拆除

E. 摊销

**三、判断题**（正确的在括号内打“√”，错误的在括号内打“×”）

1. 建筑安装工程费用由分部分项工程费、措施项目费、其他项目费、规费和税金五大部分组成。（　）

2. 工程类别划分是根据不同的单项工程，按施工难易程度，结合建筑市场历年来的项目管理水平确定的。（　）

3. 建筑工程中的专业项目在执行费用标准时，桩基工程（包括打预制桩和制作兼打桩）、大型土石方工程、装饰工程不论是否单独发包，均应按照对应的专业项目执行费率标准。（　）

4. 临时设施费中包括建筑、装饰、安装、修缮、古建园林工程规定范围内（建筑物沿边起 200m 内，多栋建筑两栋间隔 200m 内）围墙、临时道路、水电、管线和塔吊基座（轨道）垫层（不包括混凝土固定式基础）等的内容。（　）

5. 暂列金额指的是招标人在工程量清单中提供的用于支付必然发生但暂时不能确定价格的材料的单价以及专业工程的金额。（　）

**四、分析计算题**

1. 某施工单位工程结束后，甲方要求其将施工中产生的建筑垃圾运走，该施工队提出：当初投标报价时未列垃圾清理外运项，要求签证，否则不予清理垃圾。该施工队的说法是否正确？说明理由。

2. 某施工单位工程结束后将其临时设施拆除，材料带走，甲方要求施工方不要拆除，理由是施工方计算过临时设施费了，故该临时设施应属于甲方财产。施工方能否拆除该临时设施，为什么？

3. 施工现场浇灌混凝土，施工方制作试压块送检，检测单位要收费，甲方认为施工方在工程造价中计取了企业检验试验费，故该检测费用应由施工方出。甲方的说法正确吗？为什么？

4. 施工单位现场浇灌混凝土，试压块送检合格，但甲方认为有问题，要求做回弹试验确认混凝土的质量是否合格。该项回弹试验的费用应由谁承担？为什么？

5. 某施工方投标时砌墙按综合单价 300 元/$m^3$ 报价，合同采用的是单价合同，合同约定工程量的风险由甲方承担，综合单价的风险由施工方承担，结算时施工方要求调整材料差价，理由是砖头、砂浆的市场价发生了变化，可否？为什么？

6. 计价表 5－32 有梁板混凝土 C25，二类工程，其中水泥 280 元/t，黄沙 42 元/t，其余同计价表内容，计算该子目综合单价。

7. 某二类工程计算得其分部分项工程费为 416842.56 元，已知：现场安全文明施工措施费的费率为 2.2%，临时设施费的费率为 1%，企业检验试验费的费率为 0.2%，冬雨季施工增加费的费率为 0.1%，工程排污费的费率为 1%，建筑安全监督管理费的费率为 0.06%，社会保障费的费率为 3%，公积金的费率为 0.5%，税金的费率为 3.44%，其余费用不计，试计算该工程的工程造价。

8. 某经招投标活动后中标的施工队在施工化粪池土方期间，适逢雨季，现场要求按实际排水台班签证基坑排水费用，理由是当初投标中所报冬雨季施工增加费不够。可否签证？说明理由。

9. 某施工队提出，由于机械费中只计算了施工机械的费用，对于一些不属于固定资产的生产工具、检验用具等的费用未能计算，要求现场签证给予补偿，能否签证？说明理由。

10. 施工现场因供电局停电 2h 而造成人员停工和机械的停置，当天施工方就要求甲方给予签证补偿。甲方可否签证？说明理由。

11. 由于施工中浇筑混凝土的规范要求，施工方必须夜间施工，考虑到工人夜间施工的工资与白天的工资水平不同，该施工单位提出夜班人工费索赔，索赔能否同意？为什么？

12. 某施工单位搭拆脚手架的工人提出要单位给他们办理意外伤害保险，施工方认为保险费应由工人自己出，架子工认为保险费应由单位出。谁的说法正确？为什么？

13. 某施工单位工程竣工时房屋周边的施工现场较脏，甲方要求施工方对其进行清理，施工方要求签证。施工方的要求是否合理？为什么？

14. 某施工队施工中由于自身缺乏专业防水人员，经甲方同意后将屋面防水工程分包出去，工程结算时要求计取该项工程的总承包服务费。可否？为什么？

15. 已知某工程定额工期为 350 天，合同工期为 320 天，直接工程费中人工费合计 360000 元，平均日工资单价 45 元，每工日夜间施工费开支为 25 元，求该工程的夜间施工增加费。

# 第 6 章　建筑面积工程量计算

## 一、单项选择题

1. 某单层建筑物层高 2.1m，外墙外围水平投影面积 $150m^2$，该建筑物建筑面积为（　）。

A. $150m^2$　　B. $75m^2$　　C. $50m^2$　　D. 0

2. 建筑物的首层建筑面积按照（　）计算。

A. 外墙勒脚外围建筑尺寸

B. 外墙勒脚外围结构尺寸

C. 外墙勒脚以上外围建筑尺寸

D. 外墙勒脚以上外围结构尺寸

3. 高低连跨的建筑物，需分别计算建筑面积时，应以（　）为界计算。

A. 低跨建筑外边线　　B. 低跨结构外边线

C. 高跨建筑外边线　　D. 高跨结构外边线

4. 底层檐廊有柱和平台，无围护结构，按檐廊的水平投影面积的（　）计算建筑面积。

A. 全部　　B. 1/2　　C. 3/4　　D. 0

5. 多层建筑坡屋顶内和场馆看台下，当设计加以利用时净高超过（　）m 的部位应计算全面积。

A. 2.2　　B. 2.1　　C. 2.0　　D. 3.0

6. 底层檐廊无柱，有平台和围护结构（矮墙或栏杆），按檐廊、阳台的水平投影面积的（　）计算建筑面积。

A. 全部　　B. 1/2　　C. 3/4　　D. 0

7. 在建筑面积计算规范术语中，挑出建筑物外墙的水平交通空间是指（　）。

A. 走廊　　B. 挑廊　　C. 檐廊　　D. 回廊

8. 以下应计算建筑面积的有（　）。

A. 建筑物内的管道井　　B. 操作平台

C. 外挑宽度为 2.1m 的雨篷　　D. 露天游泳池

9. 封闭阳台应按其投影面积的（　）计算。

A. 全部　　B. 1/2　　C. 3/4　　D. 0

10. 在建筑面积计算规范术语中，有道路穿过建筑空间的楼房是指（　）。

A. 骑楼　　B. 走廊　　C. 过街楼　　D. 回廊

11. 在建筑面积计算规范术语中，房间地平面低于室外地平面的高度超过该房间净高的（　），但不超过（　）者为半地下室。

A. 1/3，1/2　　B. 1/4，1/3　　C. 1/3，2/3　　D. 1/4，1/2

12. 在建筑面积计算规范术语中，房间地平面低于室外地平面的高度超过该房间净高的（　）者为地下室

A. 1/2　　B. 1/3　　C. 2/3　　D. 1/4

**二、多项选择题**

1. 按定额建筑面积计算规则，计算建筑面积的有（　）。

A. 室内管道井　　B. 柱式雨篷　　C. 独立烟囱

D. 没有围护结构的屋顶水箱　　E. 建筑物内宽度 300mm 的变形缝

2. 下列不计算建筑面积的有（　）。

A. 飘窗　　B. 悬挑宽度 2.1m 的雨篷

C. 室外楼梯　　D. 垃圾道　　E. 管道井

3. 下列按投影面积的一半计算建筑面积的有（　）。

A. 室外楼梯　　B. 悬挑宽度 2.2m 的雨篷

C. 封闭阳台　　D. 空调搁板　　E. 室外台阶

4. 下列（　）的建筑面积按其水平投影面积计算。

A. 层高 2.2m 的单层建筑　　B. 宽度 2.4m 的雨篷

C. 全封闭阳台　　D. 有永久性顶盖的室外楼梯

E. 建筑物内门厅

**三、判断题**（正确的在括号内打"√"，错误的在括号内打"×"）

1. 建筑物内的室内楼梯间、电梯井、观光电梯井、提物井、管道井、通风排气竖井、垃圾道、附墙烟囱应按一层计算。（　）

2. 有永久性顶盖的室外楼梯，应按建筑物自然层的水平投影面积计算。（　）

3. 建筑物顶部的楼梯间、水箱间、电梯机房等，层高在 2.20m 及以上者应计算全面积。（　）

4. 雨篷宽度达到 2.10m 者应按雨篷的结构板水平投影面积的 1/2 计算建筑面积。（　）

5. 建筑物的阳台，不论是凹阳台、挑阳台、封闭阳台、不封闭阳台均按其水平投影面积的一半计算。（　）

**四、分析计算题**

1. 某建筑物共 12 层，每层外墙外围水平投影面积 600$m^2$，底层为地下车库，层高 2.1m，第 12 层为设备管道层，层高 2.1m，其余层高均为 3.00m，建筑物外有一无上盖的室外楼梯，其水平投影面积 20$m^2$，求其总建筑面积。

2. 某砖混结构住宅楼，室内外高差 0.3m，6 层建筑，6 层顶上利用双坡屋顶的空间做阁楼层使用，6 层层高均为 2.80m，阁楼高度见图 6-1，图中轴线位于墙中，墙体厚度为 240mm，房屋平面轴线尺寸为 40m×12m，楼板结构层厚度均为 100mm。试按《建筑工程建筑面积计算规范》的规定计算该住宅的建筑面积。

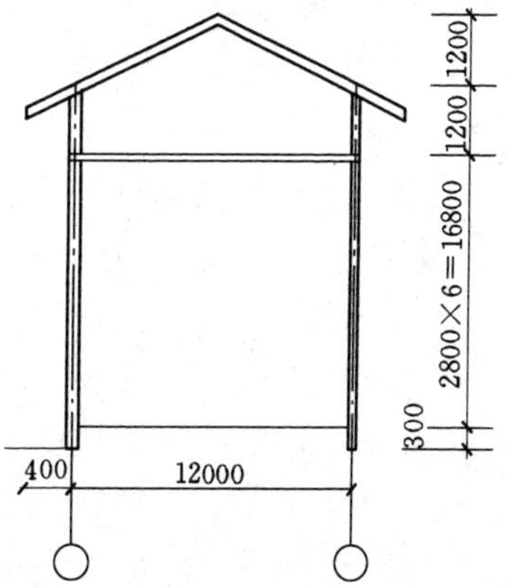


图 6-1

3. 如图 6-2 所示，A、B 两楼中间为三层联系走廊，层高均为 3m，走廊的水平投影面积为 120$m^2$，试按《建筑工程建筑面积计算规范》的规定计算该三层联系走廊的建筑面积。

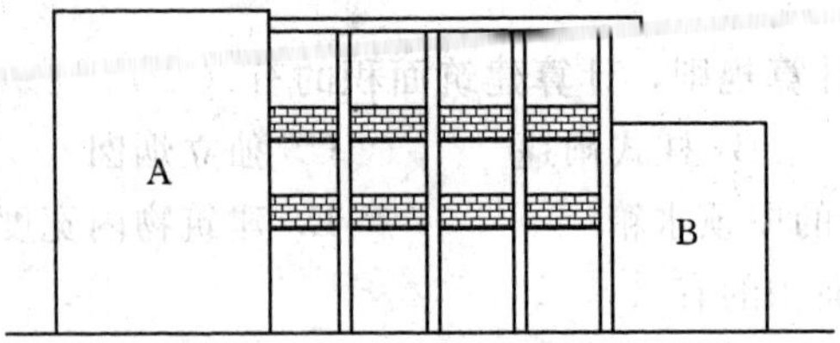


图 6 - 2

# 第 7 章　分部分项工程费的计算

## 一、单项选择题

1. 平整场地是指对建筑场地自然地坪与设计室外标高高差（　）内的人工就地挖、填、找平。

A. ±15cm　　B. ±20cm　　C. ±25cm　　D. ±30cm

2. 原地面与设计室外地坪标高平均相差 30cm 以上的原土挖填，套用（　）定额。

A. 平整场地　　B. 挖土方、回填土

C. 挖沟槽、回填土　　D. 挖基坑、回填土

3. 图示坑底面积（含工作面）小于 $20m^2$ 应按（　）计算。

A. 人工挖土方　　B. 人工挖沟槽

C. 人工挖基坑　　D. 挖土

4. 人工挖土方中土方体积，以（　）体积为准。

A. 天然密实体积　　B. 夯实后体积

C. 松填体积　　D. 松散体积

5. 施工图预算中人工挖土深度一律以（　）为起点。

A. 设计室内地坪　　B. 设计室外地坪

C. 实际室内地坪　　D. 实际室外地坪

6. 机械土方中，自卸汽车运土是按（　）挖掘机考虑的，如采用其他挖掘机，自卸汽车运土台班量应进行调整。

A. 正铲　　B. 反铲　　C. 拉铲　　D. 正铲＋反铲

7. 机械土方定额是按（　）考虑的，如实际土壤类别不同，定额中机械台班量进行调整。

A. 一类土　　B. 二类土　　C. 三类土　　D. 四类土

8. 管道沟槽回填＝挖方体积－管外径所占体积。管外径小于或等于（　）时，不扣除管道所占体积。

A. 200mm　　B. 300mm　　C. 400mm　　D. 500mm

9. 以下可以使用建筑与装饰工程计价表中打桩定额计价的是（　）。

A. 桥梁打桩　　B. 支架上打桩　　C. 室内打桩　　D. 打试桩

10. 单位工程预应力离心管桩的工程量小于（　）时，相应定额的打桩人工及机械乘以系数 1.25。

A. $200m^3$　　B. $100m^3$　　C. $60m^3$　　D. $50m^3$

11. 打预制方桩、离心管桩子目中已包含（　）内的场内运输。

A. 150m　　B. 300m　　C. 500m　　D. 1km

12. 静力压桩（　）以上桩接桩只计接桩的材料费和电焊机的费用。

A. 12m　　B. 15m　　C. 18m　　D. 24m

13. 胶泥接桩断面按（　）编制，断面不同，胶泥按比例调整，其他不变。

A. 300mm×300mm　　B. 350mm×350mm
C. 400mm×400mm　　D. 450mm×450mm

14. 钻孔灌注桩的钻孔深度是按（　）内综合编制的，超过时，钻孔人工、机械乘以系数 1.10。

A. 20m　　B. 30m　　C. 40m　　D. 50m

15. 人工挖孔灌注混凝土桩的挖孔深度是按（　）内综合编制的，超过该长度的桩，挖孔人工、机械乘以系数 1.20。

A. 12m　　B. 15m　　C. 18m　　D. 24m

16. 计价表中混凝土垫层以（　）内为准，大于该厚度应按混凝土基础执行定额子目。

A. 10cm　　B. 15cm　　C. 20cm　　D. 25cm

17. 打桩定额中土壤是按（　）考虑的。

A. 一、二类土　　B. 三类土　　C. 四类土　　D. 综合类别

18. 房屋基础与墙身使用同一种材料时，以（　）为界，以下为基础，以上为墙身。

A. 设计室内地坪　　B. 设计室外地坪
C. 实际室内地坪　　D. 实际室外地坪

19. 房屋基础与墙身使用不同材料时，不同材料的分界线位于设计室内地坪±300mm 以内，以（　）为分界线

A. 设计室内地坪　　B. 设计室外地坪
C. 实际室内地坪　　D. 不同材料

20. 围墙分别计算基础与墙身时，以（　）为分界线，以下为基础，以上为墙身。

A. 设计室内地坪　　B. 设计室外地坪
C. 实际室内地坪　　D. 不同材料

21. 容积在（　）内的砖砌水池按小型砌体计算。

A. $1m^3$　　B. $2m^3$　　C. $3m^3$　　D. $4m^3$

22. 砖基础深度自室外地面至砖基础底表面超过（　），其超过部分每立方米砌体应增加 0.041 工日。

A. 1m　　B. 1.5m　　C. 2.5m　　D. 3m

23. 附墙烟囱、通风道、垃圾道按其外形体积并入所依附的墙体积内合并计算，不扣除每个横截面在（　）以内的孔洞体积。

A. $0.1m^2$　　B. $0.2m^2$　　C. $0.3m^2$　　D. $0.5m^2$

24. 小型混凝土构件，指单体体积在（　）以内的未列出子目的构件。

A. $0.05m^3$　　B. $0.1m^3$　　C. $0.2m^3$　　D. $0.3m^3$

25. 现场预制构件，如在加工厂制作，混凝土配合比按（　）计算。

A. 现场配合比　　B. 加工厂配合比
C. 现场集中搅拌混凝土配合比　　D. 特种混凝土配合比

26. 当 $h:b>$（　）时，基础扩大面以上的肋的体积按钢筋混凝土墙计算，扩大面以下按无梁式带形基础计算。

A. 2　　B. 3　　C. 4　　D. 5

27. 室内净高超过（　）的现浇柱、梁、墙、板（各种板）的人工工日需要乘以系数调整。

A. 3.6m　　B. 5m　　C. 8m　　D. 12m

28. 现浇钢筋混凝土梁如为斜梁，角度大于（　）时按相应子目人工乘以系数1.10。

A. 5°　　B. 10°　　C. 15°　　D. 20°

29. 某砖混结构住宅，有10根构造柱，均设在L形墙的转角处，断面为240mm×240mm，柱高3.6m，根据计价表有关规定，其构造柱工程量为（　）$m^3$。

A. 0.52　　B. 3　　C. 2.6　　D. 4

30. 雨篷挑出超过（　）、柱式雨篷，不执行雨篷子目，另按相应有梁板和柱子目执行。

A. 1.2m　　B. 1.5m　　C. 1.8m　　D. 2.0m

31. 阳台挑出超过（　），不执行阳台子目，另按相应有梁板子目执行。

A. 1.2m　　B. 1.5m　　C. 1.8m　　D. 2.0m

32. 雨篷水平投影尺寸为2.0m×3.0m，顶面带翻沿高度250mm以内，底面带悬臂梁，若顶面、底面、侧壁全部抹灰，根据计价表有关规定，其抹灰面积为（　）。

A. 7.75$m^2$　　B. 6$m^2$　　C. 8.5$m^2$　　D. 9$m^2$

33. 计价表中的整体楼梯包括休息平台、平台梁、斜梁及楼梯梁，按水平投影面积计算，不扣除宽度小于（　）的楼梯井。

A. 200mm　　B. 300mm　　C. 400mm　　D. 500mm

34. 弧形混凝土台阶除套用混凝土台阶定额外，（　）。

A. 应按弧形板另行计算增加费　　B. 不再增加其他费用

C. 应按基础弧形边增加费另行计算　　D. 定额乘以相应系数

35. 加工厂预制混凝土构件安装项目中已包括（　）内的场内运输费。

A. 150m　　B. 300m　　C. 500m　　D. 1km

36. 泵送混凝土子目按输送高度（　）考虑，当输送高度超过该高度时，输送泵车台班系数调整。

A. 20m　　B. 30m　　C. 40m　　D. 50m

37. 空心板灌缝包括灌横、纵向缝在内，也包括标准砖砖墙与搁置空心板块数之间相差（　）宽板缝的灌混凝土在内。

A. 3cm　　B. 4cm　　C. 5cm　　D. 6cm

38. 预制镂空混凝土花格窗施工图外形面积为20$m^2$，则其制作工程量为（　）。

A. 20$m^2$　　B. 20.36$m^2$　　C. 20.3$m^2$　　D. 无法确定

39. 下列木材中，（　）属于一、二类木种。

A. 榉木　　B. 枫木　　C. 樱桃木　　D. 椴木

40. 某工业车间，设计轴线尺寸为6.0m×8.0m，墙体厚度为240mm，地面为石油沥青玛琋脂防水卷材防水层，设计要求与墙面连接上弯高度为400mm，根据计价表有关规定，其防水工程量为（　）。

A. 平面48.0$m^2$，立面11.20$m^2$　　B. 55.51$m^2$

C. 平面44.7$m^2$，立面10.82$m^2$　　D. 59.2$m^2$

41. 瓦屋面工程量等于屋面水平投影面积乘以屋面坡度系数，这个屋面坡度系数就是（ ）。

A. 延长系数　B. 隅延长系数　C. 屋面坡度　D. 屋面角度

42. 细石混凝土防水层定额未包括（ ），应另列项目进行计算。

A. 做分格缝　B. 伸缩缝翻边加高的工料

C. 细石混凝土内的钢筋　D. 檐口滴水线加厚的工料

43. 钢筋混凝土井（池）底、壁、顶和砖砌井（池）壁不分厚度以实体积计算，池壁与排水管道连接的壁上孔洞其排水管径在（ ）以内所占的壁体积不予扣除。

A. 200mm　B. 300mm　C. 400mm　D. 500mm

44. 防腐耐酸工程中的块料面层以（ ）为准，其余情况下要进行调整。

A. 平面　B. 立面　C. 踢脚板　D. 平面＋立面

45. 建筑物设计室外地面至檐口的高度（不包括女儿墙、屋顶水箱、突出屋面的电梯间、楼梯间等的高度）超过（ ）时，应计算超高费。

A. 20m　B. 25m　C. 30m　D. 50m

46. 屋面排水定额中，阳台 PVC 管通落水管按只计算，阳台出水口至落水管中心线（ ）按 1m 计算。

A. 水平长度　B. 垂直长度　C. 斜长　D. 弧长

**二、多项选择题**

1. 按计价表的规定，计算墙身工程量时不扣除的有（ ）。

A. 壁龛　B. 门窗走头

C. 混凝土构造柱、圈、过梁　D. 过人洞、空圈

E. 梁头

2. 计算砖墙工程量时，应扣除嵌入墙身的（ ）所占的体积。

A. 檩条头子　B. 钢筋混凝土圈、过梁

C. 混凝土垫块　D. 钢筋混凝土构造柱

E. 门窗洞口

3. 计算砌体工程量时，应扣除（ ）。

A. 门窗洞口体积　B. 嵌入墙体的板体积

C. 混凝土防潮层　D. 混凝土垫块体积

E. 面积在 0.3$m^2$ 以上孔洞所占的体积

4. 下列各项按图示尺寸以实体积计算工程量的有（ ）。

A. 现捣钢筋混凝土基础　B. 现捣钢筋混凝土楼梯

C. 预制钢筋混凝土花格栏杆　D. 预应力钢筋混凝土空心板

E. 现捣钢筋混凝土雨篷

5. 现浇（ ）子目中，均已按规范规定综合考虑了底部铺垫 1∶2 水泥砂浆的用量。

A. 柱　B. 梁　C. 墙

D. 板　E. 其他构件

6. 下列应计入钢筋用量内的是（ ）。

A. 搭接钢筋　B. 型钢马凳　C. 钢筋余头

D. 锚固钢筋长度　　E. 架立筋

7. 泵送混凝土子目中已综合考虑了（　）费用。

A. 输送泵车台班　　B. 布拆管及清洗人工

C. 泵管摊销费　　D. 冲洗费

E. 泵车进退场费

8. 下列木种属于一、二类木种的是（　）。

A. 樟子松　　B. 白松　　C. 青松

D. 柏木　　E. 椴木

9. 下列包含在高层施工增加费中的有（　）。

A. 人工降效　　B. 高压水泵摊销费

C. 垃圾管道摊销费　　D. 上下通信联络费用

E. 机械降效

**三、判断题**（正确的在括号内打“√”，错误的在括号内打“×”）

1. 对于砖柱，柱基和柱身的工程量合并计算，套用砖柱定额。（　）

2. 计价表中，设计采用的混凝土强度等级或石子最大粒径与定额不同时，均应作换算。（　）

3. 计价表中，框架砖墙不分内、外墙，其长度均按净长计算，其高度均按净高计算。（　）

4. 砖砌地沟沟底与沟壁工程量合并以立方米（$m^3$）计算，套用砖砌地沟定额。（　）

5. 砖砌围墙按设计图示尺寸以立方米（$m^3$）计算，其围墙附垛及压顶应并入墙身工程量内。（　）

**四、分析计算题**

1. 某建筑物底层外墙外围结构外边线尺寸如图 7-1 所示，请按计价表规定计算其平整场地工程量。

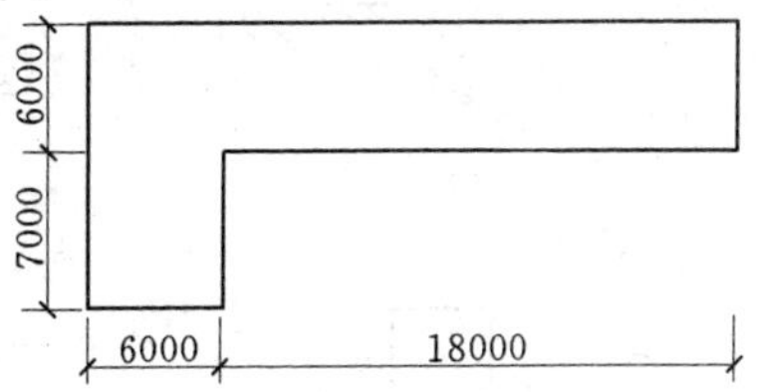

图 7-1

2. 正铲挖掘机挖四类土（不装车，斗容量 $0.5m^3$ 以内）$1200m^3$，其余条件同计价表，求挖土的综合单价和合价。

3. 某房屋平面、剖面及详图如图 7-2 所示，图中基础下浇 C10 混凝土垫层 960mm 宽，混凝土基础采用 C20 混凝土，基础底宽 760mm，M5 水泥砂浆砌一砖厚基础墙，内外墙均用 MU10 普通黏土砖，M5 混合砂浆砌一砖厚墙，−0.06 标高处设置 20mm 厚防水砂浆防潮层，门高 2.6m，现浇板厚 100mm。窗台和压顶采用一砖平砌出挑 60mm。用计价表计算基础土方（三类干土）、基础、墙体部分的综合单价及合价。

4. 某单位工程桩基础如图 7-3 所示，设计为钢筋混凝土预制方桩，截面 450mm×450mm，每根桩长 15m（5m+5m+5m），共 120 根。桩顶面标高−2.80m，设计室外地面标高−0.450m，静力压桩机施工，胶泥接桩。计算打桩、接桩及送桩工程量，并根据计价表计算定额综合单价及合价（不考虑价差）。

5. 某单位打桩工程如图 7-4 所示，设计 C30 震动沉管灌注混凝土桩 40 根，单打，桩径 $\phi450$（桩管外径 $\phi426$），桩设计长度 18m，预制混凝土桩尖，经现场打桩记录单打实际灌注混凝土 136m$^3$，其余不计，现计算打桩的综合单价及合价。

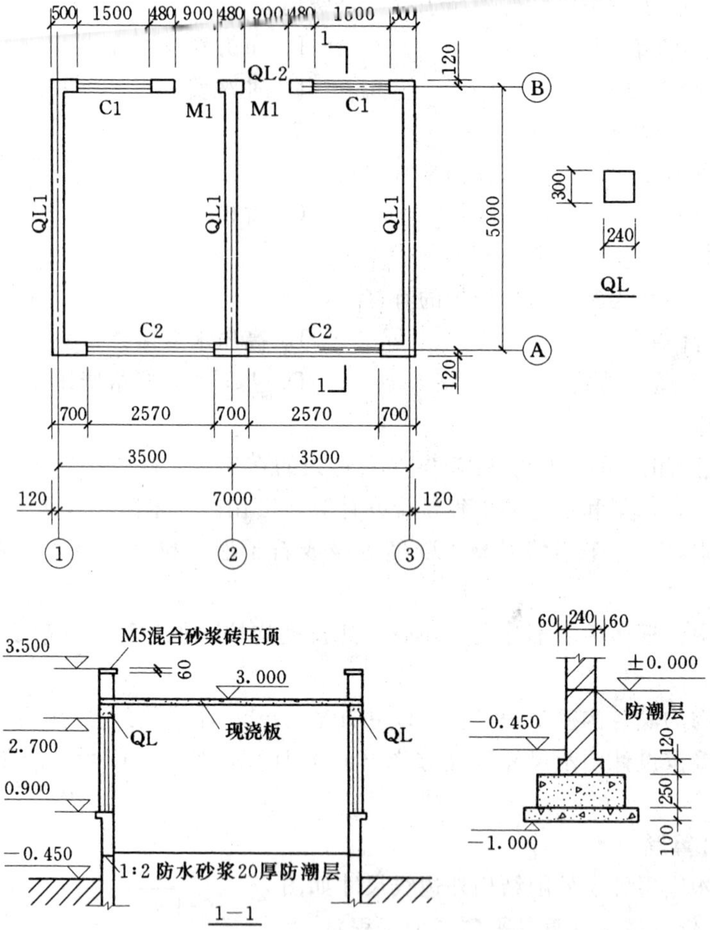


图 7 - 2

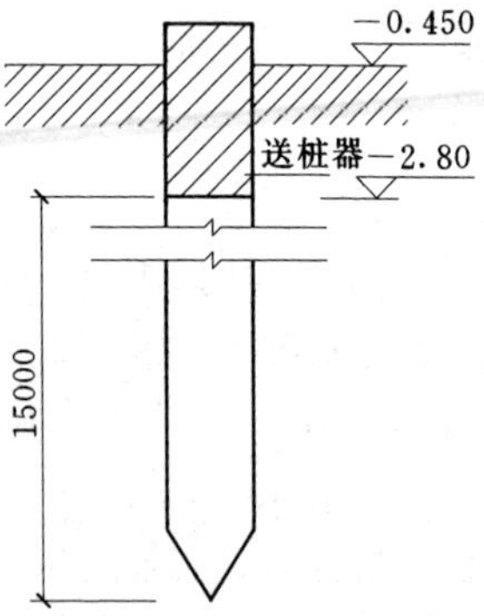


图 7 - 3

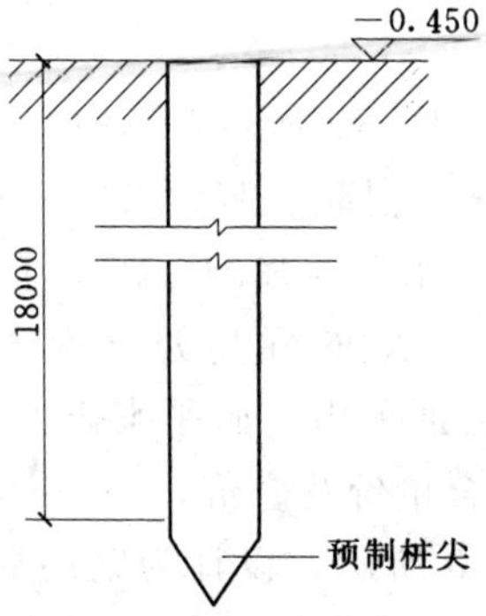


图 7 - 4

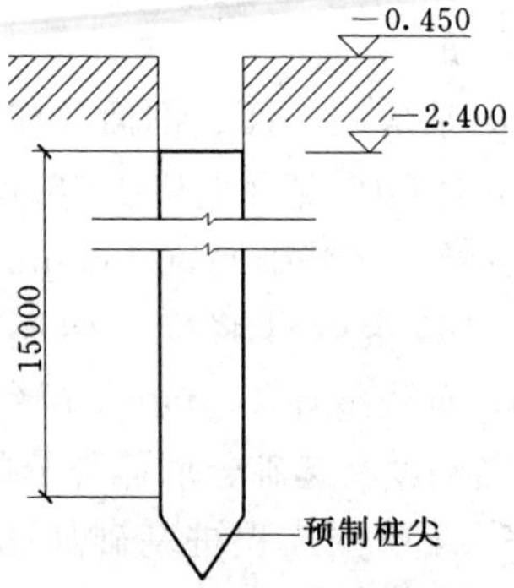


图 7 - 5

6. 某单位打桩工程如图 7 - 5 所示，设计 C30 震动沉管灌注混凝土桩 20 根，复打一次，桩径 $\phi$450（桩管外径 $\phi$426），桩设计长度 15m，预制混凝土桩尖，其余不计，现计算打桩的综合单价及合价。

7. 某钢筋混凝土单跨 T 形梁的配筋见图 7-6，该工程地处 7 度抗震设防区，钢筋锚固长度 30$d$，梁中混凝土保护层厚度为 25mm，板厚 100mm，钢筋的弯曲延伸率不考虑，求各种钢筋的长度及重量。

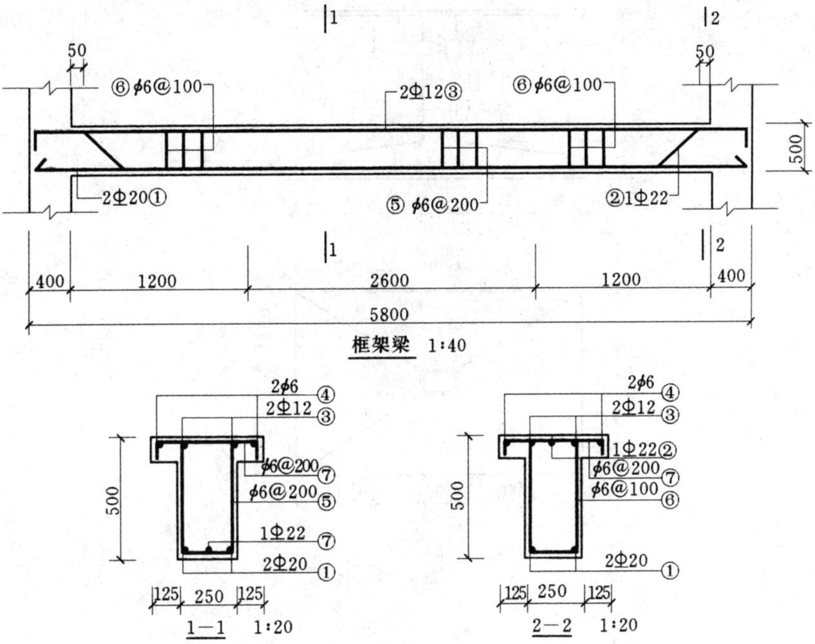


图 7-6

8. 某钢筋混凝土现浇板的配筋见图 7-7，该工程地处 7 度抗震设防区，图中梁尺寸 240mm×400mm，板厚 100mm，板中分布筋 φ6@200，板的保护层厚度为 15mm，钢筋锚固长度 $l_a=27d$，搭接长度 $l_e=38d$，钢筋的弯曲延伸率不考虑，求各种钢筋的长度及重量。

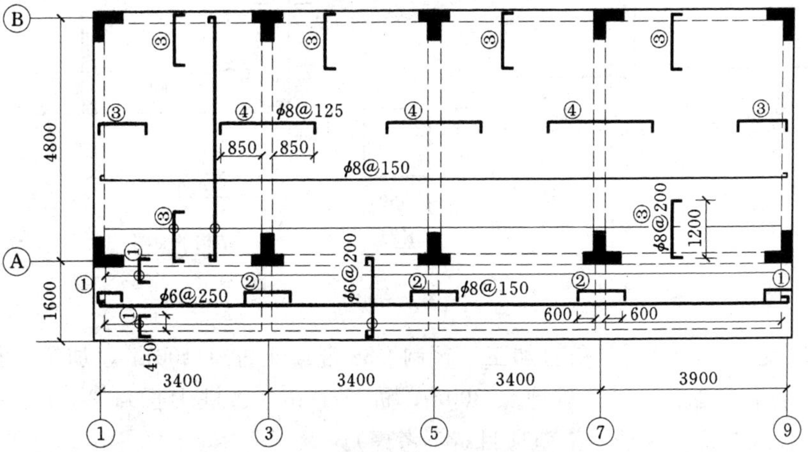


图 7-7

9. 如图 7-8 所示，计算独立钢筋混凝土外柱及基础（C30 混凝土）、垫层（C10 混凝土）的有关费用（钢筋暂按含量取定，粉刷及措施性项目暂不计算）。

10. 某三类建筑的全现浇框架主体结构工程如图7-9所示，采用组合钢模板，图中轴线为柱中，现浇混凝土均为C30，板厚100mm，用计价表计算柱、梁、板的混凝土工程量、综合单价及合价。

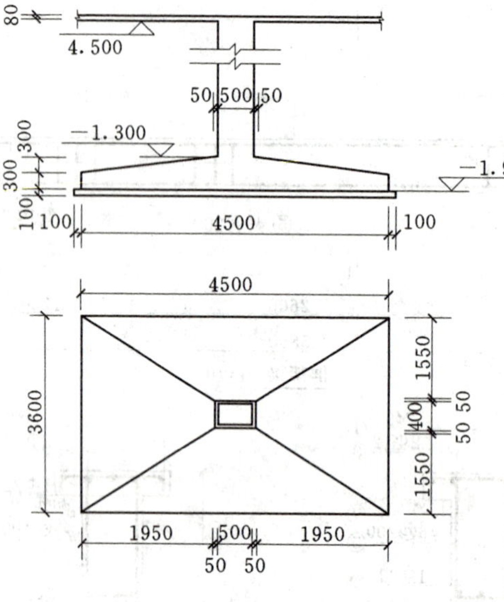


图7-8

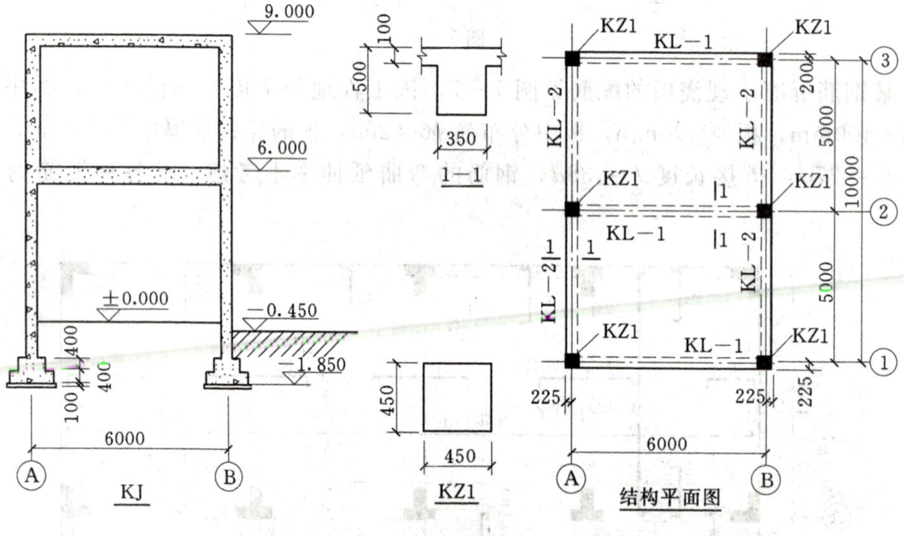


图7-9

11. 某工地采用柴油打桩机打加工厂预制C35混凝土方桩100m³，加工厂至现场距离为5km，现场堆桩地点距离打桩地点300m，桩长18m（含桩尖长），用计价表计算工程量、综合单价及合价（钢筋、措施项目费不考虑）。

12. 某工程在构件厂制作钢屋架10榀，每榀重2.5t，需运到10km内工地，直接进行安装，试计算钢屋架运输、跨外安装（包括拼装按电焊考虑，采用履带吊安装）的工程量、计价表综合单价及合价。

13. 如图 7-10 所示，四坡有梁板屋面，屋面防水做法见大样，按计价表计算屋面项目的工程量和定额综合单价及合价。[不考虑梁、天沟，1∶2 坡屋面延长系数 $C$=1.118，隅延长系数 $D$=1.5)，混凝土强度等级 C20，挂瓦条断面为 20mm×30mm@345mm，水泥瓦规格为 420mm×332mm（有效面积为 345mm×300mm)]。

14. 某黏土瓦屋面 1000m$^2$，在檩条上钉方木椽子和挂瓦条，方木椽子规格为 40mm×55mm，中距为 400mm，挂瓦条规格为 30mm×40mm，方木椽子三面刨光，计算该屋面木基层的定额综合单价及合价。

15. 某六层建筑，每层高度均大于 2.2m，面积均为 1500m$^2$，房屋高度的分布情况和有关标高如图 7-11 所示，计算该建筑的超高费。

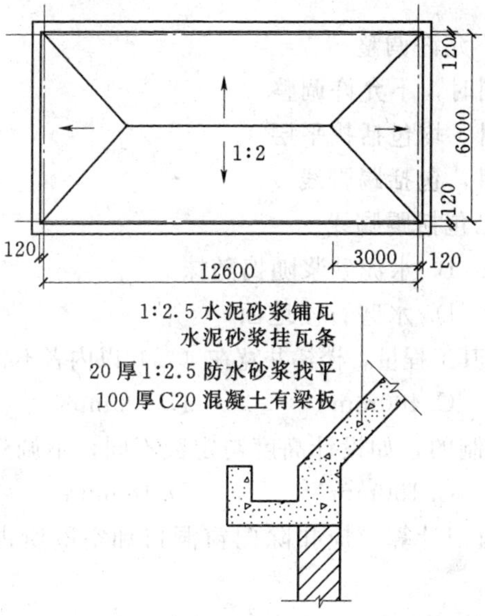


图 7-10

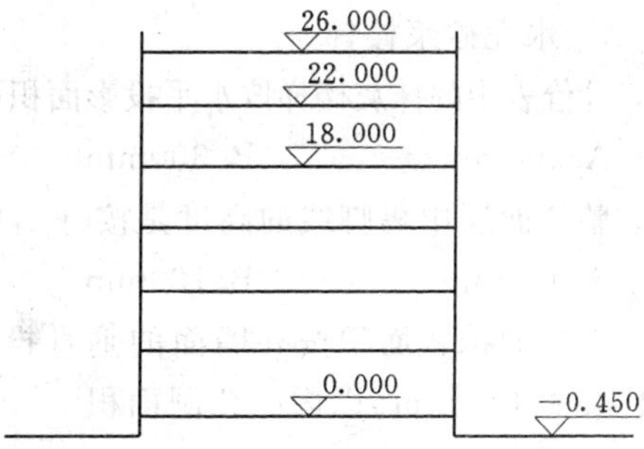


图 7-11

# 第8章　装饰工程费用的计算

## 一、单项选择题

1. 计价表中的垫层，除去（　）垫层，其余材料垫层的夯实定额采用的是电动夯实机，如设计采用压路机碾压时，定额换算。

A. 碎石　　B. 灰土　　C. 砂　　D. 混凝土

2. 根据《江苏省省建筑与装饰工程计价表》有关规定，以下有关楼地面工程说明正确的是（　）。

A. 整体面层砂浆厚度与定额不同时，不允许调整

B. 整体面层砂浆配合比设计与定额不同时，不允许调整

C. 整体面层、块料面层中的楼地面项目，均包括找平层

D. 整体面层、块料面层中的楼地面项目，包括踢脚线

3. 计价表楼地面工程中，（　）定额面层已包括踢脚线。

A. 水泥砂浆楼地面　　B. 水泥砂浆随捣随抹

C. 水泥砂浆楼梯　　D. 水磨石楼地面

4. 计价表中的抹灰楼梯按水平投影面积计算其工程量，楼梯井宽在（　）以内者不扣除。

A. 200mm　　B. 300mm　　C. 400mm　　D. 500mm

5. 整体面层中踢脚线的高度是按（　）编制的，如设计高度与定额不同，不调整。

A. 100mm　　B. 120mm　　C. 150mm　　D. 180mm

6. 外墙面抹灰面积按外墙面的垂直投影面积计算，应扣除门窗洞口和空圈所占的面积，不扣除（　）$m^2$ 以内的孔洞面积。

A. 0.1　　B. 0.3　　C. 0.5　　D. 0.6

7. 计价表中，定额吊筋高度按（　）（面层至混凝土板底表面）计算，高度不同按每增减 10cm（不足 10cm 四舍五入）进行调整，但吊筋根数不得调整。

A. 0.8m　　B. 1m　　C. 1.2m　　D. 1.5m

8. 计价表木龙骨中已包含木吊筋的内容。设计若采用钢吊筋，应扣除定额中（　）含量，钢筋吊筋按天棚吊筋子目执行。

A. 木吊筋　　B. 木吊筋＋木龙骨　　C. 大龙骨　　D. 木吊筋＋大龙骨

9. 计价表中，天棚吊筋的安装人工 0.67 工日/$10m^2$ 已经包括在相应定额的（　）中。

A. 吊筋子目人工　　B. 龙骨子目人工　　C. 面层子目人工　　D. 天棚子目人工

10. 计价表中，塑料扣板面层子目中已包括（　）在内。

A. 木吊筋　　B. 木龙骨　　C. 钢吊筋　　D. 轻钢龙骨

11. 计价表中，单独装饰工程超高部分人工降效计取高度以超过（　）为界。

A. 20m　　B. 30m　　C. 40m　　D. 50m

12. 计价表中，单独装饰工程超高部分人工降效以超高部分的（　）分段计算。

A. 人工费　　B. 材料费

C. 机械费　　D. 人工费＋材料费＋机械费

**二、多项选择题**

1. 计价表整体面层子目中均包括（　）。

A. 垫层　B. 找平层　C. 结合层

D. 面层　E. 附加层

2. 计价表水泥砂浆、水磨石楼梯中已包括（　）抹灰。

A. 踢脚线　B. 平台　C. 堵头

D. 楼梯底抹灰　E. 楼面梁

3. 计价表（　）定额项目中已包括酸洗打蜡工料。

A. 菱苦土面层　B. 水磨石面层　C. 水泥砂浆面层

D. 花岗岩面层　E. 地砖面层

4. 采用计价表计算内墙面抹灰面积时，下列（　）面积不扣除。

A. 门窗洞口　B. 空圈　C. 踢脚线

D. 挂镜线　E. $0.5m^2$ 孔洞

5. 计价表中的阳台、雨篷抹灰按水平投影面积计算。定额中已包括（　）抹灰面积。

A. 顶面抹灰　B. 底面抹灰　C. 侧面抹灰

D. 栏板抹灰　E. 压顶抹灰

6. 采用计价表计算天棚吊顶龙骨工程量时，不扣除（　）所占的面积。

A. 半砖墙　B. 柱　C. 附墙烟囱

D. 检查口　E. 与天棚相连的窗帘盒

**三、判断题**（正确的在括号内打“√”，错误的在括号内打“×”）

1. 计价表规定，明沟与散水连在一起，明沟按宽 500mm 计算，其余为散水。（　）

2. 计价表中，整体面层和块料面层楼梯的工程量均按楼梯的水平投影面积进行计算。（　）

3. 计价表中，一般抹灰阳台、雨篷项目为单项定额中的综合子目，定额内容包括平面、侧面、底面（天棚面）及挑出墙面的梁抹灰。（　）

4. 外墙内、外表面的抹灰按外墙面抹灰子目执行；砌块墙面的抹灰按混凝土墙面相应抹灰子目执行。（　）

5. 计价表中吊筋是按膨胀螺栓连接在楼板上的钢吊筋考虑的，天棚钢吊筋按每 13 根/$10m^2$ 计算，吊筋根数不得调整。（　）

6. 计价表规定，密肋梁、井字梁、带梁天棚抹灰面积，按水平投影面积计算，并入天棚抹灰工程量内。（　）

7. 计价表中注明的木材断面或厚度均以净料为准。（　）

8. 计价表中，计算高层施工人工降效费时，当同一个楼层中的楼面与天棚不在同一计算段内，按天棚面标高段为准计算。（　）

**四、分析计算题**

1. 某一层建筑平面图如图 8-1 所示，室内地坪标高±0.00，室外地坪标高−0.300m，土方堆积地距离房屋 150m。该地面做法：1∶2 水泥砂浆面层 20mm 厚，C15 混凝土垫层 80mm 厚，碎石垫层 100mm 厚，夯填地面土。踢脚线：120mm 高水泥砂浆踢脚线。Z：半径 500mm，位于①、②轴和Ⓐ、Ⓑ轴的中心处。M1：1200mm×2000mm。台阶：100mm 厚碎石垫层，C15 混凝土，1：2 水泥砂浆面层。散水：C15 混凝土 600 宽，按苏 J9508 图集施工（不考虑模板）。踏步高 150mm。求地面部分工程量、综合单价及合价。

2. 如图 8-1 所示，地面、平台及台阶粘贴镜面同质地砖，设计的构造为：素水泥浆一道；20mm 厚 1：3 水泥砂浆找平，5mm1：2 水泥砂浆粘贴 600mm×600mm×6mm 镜面同质地砖（预算价 35 元/块）。踢脚线 120mm 高。台阶及平台侧面不贴同质砖，粉 15mm 底层，5mm 面层。地面和台阶面层进行酸洗打蜡。用计价表计算同质地砖的工程量、综合单价及合价（弧形贴面的损耗率为 10%）。

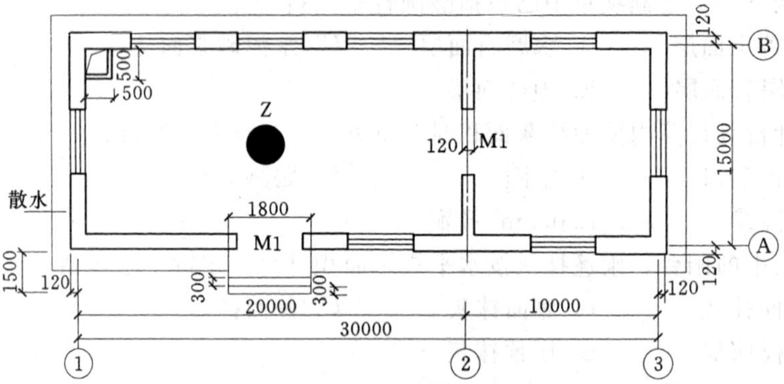


图 8-1

3. 某一层建筑如图 8-1 所示，M1 洞口尺寸 1200mm×2000mm，C1 尺寸 1200mm×1500mm×80mm，墙内部采用 15mm1：1：6 混合砂浆找平，5mm1：0.3：3 混合砂浆抹面，外部墙面和柱采用 12mm 1：3 水泥砂浆找平，8mm 1：2.5 水泥砂浆抹面，外墙抹灰面内采用 3mm 玻璃条分隔嵌缝，屋面板底标高 2.8m，室内外高差 0.300m，用计价表计算墙、柱面部分粉刷的工程量、综合单价及合价。

4. 某装饰企业承担某大厦中 10～12 层的内装饰，如图 8-2 所示，其中，天棚为不上人型轻钢龙骨，方格为 500mm×500mm，吊筋用 $\phi 8$，面层用纸面石膏板，10、11 层楼层层高 4.2m，12 层楼层层高 5.0m，天棚面的阴、阳角线暂不考虑，混凝土楼板每层均为 100mm 厚，平面尺寸及简易做法如图 8-2 所示（该三层天棚做法均一样）。用计价表计算该企业完成 10～12 层的天棚龙骨面层（不包括粘贴胶带及油漆）的有关综合单价及合价（装饰企业的管理费率为 42%，利润率为 15%）。

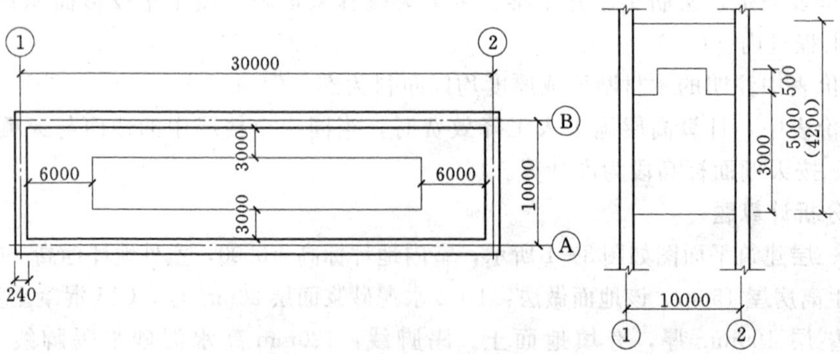


图 8-2

5. 已知 M－1 为有腰单扇胶合板门，规格为 900mm×2700mm，框设计断面 60mm×120mm，共 16 樘，油漆均为聚氨酯漆三遍，现场制作、现场安装，门扇规格与定额相符，框设计断面均指净料，全部安装执手锁，用 2004 计价表计算相关综合单价及合价。（要求保留计算过程，人、材、机单价按预算价。）

# 第9章 措施项目费用的计算

## 一、单项选择题

1. 室内（包括地下室）净高超过（ ）时，天棚需抹灰（包括钉天棚）应按满堂脚手架计算。

A. 3m　　B. 3.6m　　C. 5m　　D. 8m

2. 凡砌筑高度超过（ ）的砌体均需计算脚手架。

A. 1.5m　　B. 2m　　C. 3m　　D. 3.6m

3. 现浇钢筋混凝土柱、梁、墙、板的支模高度以净高（底层无地下室者高需另加室内外高差）在（ ）以内为准，超过高度定额需进行调整。

A. 3m　　B. 3.6m　　C. 5m　　D. 8m

4. 以下关于支模高度净高错误的是（ ）。

A. 柱：无地下室底层是指设计室外地面至上层板顶面、楼层板顶面至上层板顶面

B. 梁：无地下室底层是指设计室外地面至上层板底面、楼层板顶面至上层板底面

C. 板：无地下室底层是指设计室外地面至上层板底面、楼层板顶面至上层板底面

D. 墙：整板基础板顶面（或反梁顶面）至上层板底面、楼层板顶面至上层板底面

5. 设计⊥形、L形、十形柱，每根柱两边之和超过（ ），则该柱按直形墙相应定额执行。

A. 1m　　B. 2m　　C. 3m　　D. 4m

6. 满堂基础在（ ）内，有梁式满堂基础及反梁用砖侧模，则砖侧模费用另计，同时应扣除相同面积的模板面积，但其总量不得超过总含模量。

A. $500m^2$　　B. $1000m^2$　　C. $1500m^2$　　D. $2000m^2$

7. 周长大于（ ）的柱，每 $10m^2$ 模板应另增加对拉螺栓 7.46kg。

A. 3m　　B. 3.6m　　C. 5m　　D. 8m

8. 后浇板带工期按（ ）的支撑止。

A. 立最底层的支撑开始至拆最低层

B. 立最底层的支撑开始至拆最高层

C. 立最高层的支撑开始至拆最高层

D. 立最高层的支撑开始至拆最底层

9. 基坑排水是指在地下常水位以下、基坑底面积超过（ ）的情况。

A. $20m^2$　　B. $30m^2$　　C. $40m^2$　　D. $50m^2$

10. 井点降水（ ）根为一套，累计根数不足一套按一套计算。

A. 30　　B. 40　　C. 50　　D. 60

11. 檐高（ ）内的单层建筑物和围墙，不计算垂直运输机械台班。

A. 3m　　B. 3.6m　　C. 5m　　D. 8m

12. 建筑物檐高高度超过 20m，但其最高一层或其中一层楼面未超过 20m 时，则该楼层脚手架材料增加费（ ）。

A. 不能计算超高增加费

B. 按整层计算超高增加费

C. 20m 以上部分计算每增高 1m 增加费

D. 既按整层计算超高增加费又计算 20m 以上部分计算每增高 1m 增加费

13. 砌体高度在（　）以内者，套用里脚手架。

A. 3m　　B. 3.6m　　C. 5m　　D. 8m

14. 砖基础自（　）超过 1.50m 时，按相应砌墙脚手架执行。

A. 设计室内地坪至垫层（或混凝土基础）上表面的深度

B. 设计室内地坪至垫层（或混凝土基础）下表面的深度

C. 设计室外地坪至垫层（或混凝土基础）上表面的深度

D. 设计室外地坪至垫层（或混凝土基础）下表面的深度

15. 模板项目中，仅列出周转木材而无钢支撑的项目，其支撑量已含在（　）中。

A. 钢卡具　　B. 钢扣件　　C. 周转木材　　D. 其他材料费

16. 垂直运输高度小于（　）的一层地下室不计算垂直运输机械台班。

A. 3m　　B. 3.6m　　C. 5m　　D. 8m

**二、多项选择题**

1. 以下（　）情况下，螺栓是按一次性投入列入定额的。

A. 地面以上墙　　B. 地下室内墙　　C. 地下室外墙

D. 屋面水箱　　E. 地面以上的柱

2. 江苏省垂直运输费工作内容包括调整后的国家工期定额内完成单位工程全部工程项目所需的垂直运输机械台班，不包括（　）。

A. 机械的安拆和场外运费　　B. 折旧费

C. 大修理费　　D. 路基铺垫　　E. 轨道铺拆

3. 场内二次搬运费的使用范围是（　）。

A. 市区沿街建筑在现场堆放材料有困难

B. 汽车不能将材料运入巷内的建筑

C. 材料不能直接运到单位工程周边需再次中转

D. 建设单位不能按正常合理的施工组织设计提供材料，构件堆放场地和临时设施用地

E. 施工中实际发生材料的二次搬运

4. 下列包含在垂直运输机械费中的有（　）。

A. 机械降效　　B. 上下通信联络费用　　C. 人工降效

D. 脚手架加固　　E. 外脚手架垂直运输费

**三、判断题**（正确的在括号内打"√"，错误的在括号内打"×"）

1. 凡砌筑高度超过 3.6m 的砌体均需计算砌墙脚手架。（　）

2. 室内（包括地下室）净高超过 3.6m 时，天棚需抹灰（包括钉天棚），应按 3.6m 以上抹灰脚手架计算。（　）

3. 室内天棚净高超过 3.6m 的板下勾缝、刷浆、油漆可与抹灰合并计算一次脚手架费用（　）

4. 现浇钢筋混凝土独立柱、单梁、墙高度超过1.50m应计算浇捣脚手架。（ ）

5. 计价表中的金属过道防护棚是以一面利用外脚手架计算的，如搭设独立防护棚，需换算。（ ）

6. 计价表中的金属过道防护棚是以铺单层竹笆片计算的，如施工高层建筑搭设双层竹笆片，应换算。（ ）

7. 计价表中，当结构施工搭设的电梯井脚手架延续至电梯设备安装使用时，可再直接套用安装用电梯井脚手架。（ ）

8. 计价表中柱的支模高度净高是：无地下室底层是指设计室内地面至上层板底面、楼层板顶面至上层板底面。（ ）

9. 计价表规定，当建筑物垂直运输机械数量与定额不同时，不做调整。（ ）

10. 计价表计算垂直运输费时，当混凝土构件使用泵送混凝土浇筑者，垂直运输台班量需要折减。（ ）

**四、分析计算题**

1. 图7-2为某一层砖混结构房屋，计算该房屋脚手架工程的相关子目工程量、综合单价及合价。

2. 将上题中屋顶标高由3.00m改为9.00m，计算该房屋墙体粉刷和天棚粉刷脚手架的工程量、综合单价及合价。

3. 计算图7-8所示钢筋混凝土构件的混凝土浇捣脚手架工程量、综合单价及合价（室外地坪标高-0.300m）。

4. 用计价表按接触面积计算图7-9所示工程的模板工程量、综合单价及合价。

5. 某三类建筑工程整板基础，基础底面尺寸45m×60m，室外地面标高-0.3m，基础底面标高-1.70m，整板基础下采用C10混凝土垫层100厚，每边伸出基础100mm，地下常水位-1.00m，采用人工挖土，土壤为三类土。用计价表计算施工排水工程量、综合单价及合价。

6. 某三类建筑工程，基坑采用轻型井点降水，采用70根井点管降水45天，计算施工降水工程量、综合单价及合价。

# 第10章 工程量清单计价概述

## 一、单项选择题

1.《建设工程工程量清单计价规范》（GB 50500—2008）以下简称08计价规范，经中华人民共和国住房和城乡建设部批准为国家标准，于（ ）正式施行。

A. 2008年5月1日　　B. 2008年7月1日

C. 2008年10月1日　　D. 2008年12月1日

2. 工程量清单漏项或设计变更引起新的工程量清单项目，其相应综合单价由（ ）提出。

A. 承包人　B. 发包人　C. 监理方　D. 审计人员

3. 分部分项工程量清单不包括（ ）。

A. 项目编码　B. 项目名称　C. 计量单位　D. 工程量计算规则

4. 工程量清单不包括（ ）。

A. 分部分项工程量清单　　B. 措施项目清单

C. 其他项目清单　　D. 消耗量清单

5. 工程量清单可由（ ）编制。

A. 业主　　B. 承包商

C. 业主与承包商共同　　D. 有资质的招标代理机构

6. 措施项目清单列项不包括（ ）。

A. 预留金　　B. 现场安全文明施工措施费

C. 临时设施费　　D. 夜间施工增加费

7. 其他项目清单列项不包括（ ）。

A. 暂列金额　　B. 暂估价

C. 总承包服务费　　D. 环境保护费

8. 工程量清单是工程（ ）的重要组成部分。

A. 招标文件　B. 投标文件　C. 企业定额　D. 预算定额

9. 下列说法错误的是（ ）。

A. 工程量清单计价格式应由投标人填写

B. 措施项目清单计价表投标人可自行增加项目

C. 封面应按规定内容填写、签字、盖章

D. 工程量清单计价格式由投标人选定

10. 下列有关工程量清单的叙述中，正确的是（ ）。

A. 工程量清单中含有措施项目及其工程数量

B. 工程量清单是招标文件的组成部分

C. 在招标人同意的情况下，工程量清单可以由投标人自行编制

D. 全部使用国有投资的工程建设项目，可以采用工程量清单计价

11. 根据08计价规范的规定，投标单位各实体工程的风险费用应计入（ ）。

A. 其他项目清单计价表　　B. 材料清单计价表

C. 分部分项工程量清单计价表　　D. 零星工作费表

12. 某分部分项工程的清单编码为 010303001005，则该分部分项工程的清单项目顺序编码为（　）。

A. 02　　B. 03　　C. 004　　D. 005

13. 在工程量清单计价方式中，清单项目的工程量计算通常是计算其（　）。

A. 实体工程量　　B. 实际工程量

C. 实体工程量＋损耗工程量　　D. 实体工程量＋需要增加的工程量

14. 08 计价规范附录 A、附录 B 清单项目中的子目施工中所发生的材料、成品、半成品的各种制作、运输、安装等的一切损耗，应包括在（　）内。

A. 工程量　　B. 材料损耗量　　C. 材料用量内　　D. 价格

15. 对工程量清单概念表述错误的是（　）。

A. 工程量清单是包括工程数量的明细清单

B. 工程量清单也包括与工程数量相应的单价

C. 工程量清单由招标人提供

D. 工程量清单是招标文件的组成部分

16. 根据 08 计价规范的规定，已完工程及设备保护属于措施项目中的（　）。

A. 通用项目　　B. 建筑工程项目

C. 装饰装修工程项目　　D. 安装工程项目

17. 根据 08 计价规范的规定，工程量清单项目编码中第一级编码为分类码，02 表示（　）。

A. 建筑工程　　B. 装饰装修工程

C. 安装工程　　D. 市政工程

18. 工程量清单计价制度要求采用的合同计价方式为（　）。

A. 总价合同　　B. 单价合同　　C. 可调价格合同　　D. 固定价格合同

19. 工程量清单格式的组成内容不包括（　）。

A. 分部分项工程量清单　　B. 工程项目总价表

C. 措施项目清单　　D. 封面

20. 采用工程量清单计价方式，业主对设计变更而导致的工程造价的变化一目了然，业主可以根据投资情况来决定是否进行设计变更。这反映了工程量清单计价方法（　）的特点。

A. 满足竞争需要　　B. 有利于实现风险合理分担

C. 有利于标底管理和控制　　D. 有利于业主对投资的控制

21. 在我国目前的情况下，工程量清单计价作为一种市场定价模式，主要在工程项目的（　）过程中使用。

A. 招标投标　　B. 可行性研究　　C. 扩初设计　　D. 竣工决算

22. 分部分项工程量清单项目编码为 040403003001，该项目为（　）工程项目。

A. 装饰装修工程　　B. 建筑工程　　C. 安装工程　　D. 市政工程

23. 采用工程量清单计价，规费计取的基数是（　）。

A. 分部分项工程费

B. 人工费

C. 人工费＋机械费

D. 分部分项工程费＋措施项目费＋其他项目费

24. 实行工程量清单计价，（　）。

A. 业主承担工程价格波动的风险，承包商承担工程量变动的风险

B. 业主承担工程量变动风险，承包商承担工程价格波动的风险

C. 业主承担工程量变动和工程价格波动的风险

D. 承包商承担工程量变动和工程价格波动的风险

25. 项目编码采用 12 位阿拉伯数字表示，其中（　）为分部工程顺序码。

A. 1～2 位　　B. 5～6 位　　C. 7～8 位　　D. 10～12 位

26. 采用工程量清单计价时，要求投标报价根据（　）。

A. 业主提供的工程量，按照现行概算扩大指标编制得出

B. 业主提供的工程量，结合企业自身所掌握的各种信息、资料及企业定额编制得出

C. 承包商自行计算工程量，参照现行预算定额规定编制得出

D. 承包商自行计算工程量，结合企业自身所掌握的各种信息、资料及企业定额编制得出

27. 根据 08 计价规范措施项目一览表，安装工程和市政工程均可能发生的非通用项目是（　）。

A. 夜间施工　　B. 已完工程及设备保护

C. 现场施工围栏　　D. 混凝土模板与支架

28. 08 计价规范的性质属于（　）。

A. 国家标准　　B. 行业标准　　C. 地方标准　　D. 推荐性标准

29 按照我国目前的规定，在工程量清单计价过程中，分部分项工程单价不包括（　）。

A. 利润　　B. 风险因素　　C. 规费　　D. 企业管理费

30. 在工程量清单的其他项目清单中，应包括（　）。

A. 环境保护费　　B. 夜间施工费

C. 施工排水、降水费　　D. 总承包服务费

31. 工程量清单表中项目编码的第四级为（　）

A. 分类码　　B. 章顺序码　　C. 清单项目码　　D. 具体清单项目码

32. 在工程量清单的编制过程中，具体的项目名称应该结合（　）确定。

A. 项目特征　　B. 工程量　　C. 计量单位　　D. 项目编码

33. 关于工程量清单计价模式与定额模式，下列正确的是（　）。

A. 工程量清单计价模式采用工料单价法，定额计价模式采用综合单价计价

B. 工程量清单计价与定额计价工程量计算规则不同

C. 工程量清单由招标人提供，工程量计算和单价风险由招标人承担

D. 定额计价模式仅适用于非招投标的建设工程

## 二、多项选择题

1. 推行工程量清单计价后，江苏省实行以下（ ）计价方式。

   A. 单位估价法　B. 实物法　C. 计价表计价
   D. 工程量清单计价　E. 综合单价计价

2. 清单计价法的分部分项工程费包括（ ）。

   A. 人工费　B. 材料费　C. 机械费
   D. 措施项目费　E. 规费

3. 清单计价法的施工机械费构成包括（ ）。

   A. 折旧费　B. 大修理费　C. 利润
   D. 燃料动力费　E. 管理费

4. 关于工程量清单说法正确的是（ ）。

   A. 工程量清单是招标文件的组成部分
   B. 工程量清单是投标文件的组成部分
   C. 工程量清单是合同的组成部分
   D. 工程量清单由投标人提供
   E. 工程量清单由招标人提供

5. 综合单价应包括人工费、材料费、机械费、（ ），并考虑风险因素。

   A. 材料购置费　B. 利润　C. 税金
   D. 企业管理费　E. 其他项目费

## 三、判断题（正确的在括号内打“√”，错误的在括号内打“×”）

1. 工程量清单应由分部分项工程量清单、措施项目清单、其他项目清单组成。（ ）

2. 分部分项工程量清单应包括项目编码、项目名称、计量单位和工程量。（ ）

3. 08 计价规范规定，凡工程内容中未列全的其他具体工程，投标人可以按照招标文件或图纸要求补充列入，并综合考虑到报价中。（ ）

4. 分部分项工程量清单必须根据附录规定的项目编码、项目名称、项目特征、计量单位和工程量计算规则进行编制。（ ）

5. 招标文件中的工程量清单标明的工程量是投标人投标报价的共同基础，竣工结算的工程量按发、承包双发在合同中的约定应予计量且实际完成的工程量确定。（ ）

6. 措施项目清单中的安全文明施工费应按照国家或省级、行业建设主管部门的规定计价，属于竞争性费用。（ ）

7. 采用工程量清单计价的工程，应在招标文件或合同中明确风险内容及其范围（幅度），可以采用无限风险、所有风险或类似语句规定风险内容及其范围（幅度）。（ ）

8. 工程量清单与计价必须采用统一格式。（ ）

9. 封面应按规定的内容填写、签字、盖章，造价员编制的工程量清单应有负责审核的造价工程师签字、盖章。（ ）

10. 工程量清单与计价表中列明的所有需要填写的单价和合价，投标人均应填写，未填写单价和合价，视为此项费用已包含在工程量清单的其他单价及合价中。（ ）

## 四、思考题

1. 试述实行工程量清单计价的目的和意义。

2. 试述 08 计价规范的构成和适用范围。
3. 编制工程量清单的依据有哪些？
4. 简要说明工程量清单计价表格的组成。

# 第 11 章　建筑工程分部分项工程量清单计价

## 一、单项选择题

1.“平整场地”（010101001）项目适用于建筑场地在±30cm 以内的挖、填、运、找平。工程量按设计图示尺寸以（　）计算。

A. 建筑物首层面积

B. 建筑物首层外围建筑尺寸每边各加 2m 的建筑面积

C. 建筑物二层面积

D. 建筑物首层外围结构尺寸每边各加 2m 的建筑面积

2. 08 计价规范中挖基础土方工程量，按设计图示尺寸以（　）计算。

A. 基础底面积乘以挖土深度

B. 基坑底面积乘以挖土深度

C. 基础垫层底面积乘以挖土深度

D. 基础垫层底面积加工作面乘以挖土深度

3. 某房屋建筑工程，长 60m 沟槽挖土方，槽底垫层宽度 0.6m，槽底至设计自然地坪 1.4m，每边工作面宽度 0.2m，放坡系数 1∶0.5，根据 08 计价规范有关规定，挖土方量为（　）。

A. $50.4m^3$　　B. $112m^3$　　C. $142.8m^3$　　D. $84m^3$

4.“挖基础土方”（01011003）清单项目工程内容不包括（　）。

A. 挖沟槽　　B. 人工挖孔桩挖土

C. 挖淤泥、流沙　　D. 土方运输

5. 根据 08 计价规范有关规定，以下有关土（石）方回填清单项目说法错误的是（　）。

A. 场地回填：按回填面积乘以平均回填厚度

B. 基础回填：挖方体积减去设计室外地坪以下埋没的基础体积

C. 回填工程量包括余土外运、借土回填

D. 室内回填：主墙间净面积乘以回填厚度

6. 室内（房心）回填土工程量以主墙间净面积乘以填土厚度计算，这里的“主墙”是指结构厚度在（　）以上的各类墙体。

A. 100mm　　B. 120mm　　C. 200mm　　D. 240mm

7.“预制钢筋混凝土桩”（010201001）清单项目工程内容不包括（　）。

A. 桩制作　　B. 打桩　　C. 送桩　　D. 接桩

8. 试桩与打桩之间间歇时间，机械在现场的停置，应包括在（　）内

A. 机械进退场费　　B. 机械停置费　　C. 打试桩的报价　　D. 打桩的报价

9. 根据 08 计价规范有关规定，墙面一般抹灰清单项目工程量计算时，应扣除（　）。

A. 墙与梁交接处所占的面积　　B. 墙裙、门窗洞口所占的面积

C. 踢脚线的面积　　D. 挂镜线所占的面积

10. 08 计价规范中，有梁板的柱高，应自（　）之间的高度计算。

A. 柱基上表面（或楼板上表面）至上一层楼板上表面

B. 柱基上表面（或楼板上表面）至上一层楼板下表面

C. 柱基上表面（或楼板下表面）至上一层楼板上表面

D. 柱基上表面（或楼板下表面）至上一层楼板下表面

11. 08 计价规范中，柱帽的工程量计算在（　）体积内。

A. 柱　B. 梁　C. 板　D. 柱帽

12. 现浇混凝土“直型楼梯”（010406001）、“弧型楼梯”（010406002）的工程量按设计图示尺寸以水平投影面积计算，不扣除宽度小于（　）的楼梯井，伸入墙内部分不计算。

A. 200mm　B. 300mm　C. 400mm　D. 500mm

13. 根据 08 计价规范有关规定，雨篷、阳台板清单项目，其工程量计算规则以下叙述正确的是（　）。

A. 按设计图示尺寸以墙外部分体积计算（包括牛腿、挑檐）

B. 按挑出墙（梁）外的水平投影面积计算

C. 按设计图示尺寸以墙外部分面积计算

D. 按设计图示尺寸以体积计算

14. 根据 08 计价规范有关规定，关于混凝土及钢筋混凝土工程，以下说法错误的是（　）

A. 钢筋可以由清单编制人决定是否分不同规格编码列项

B. 楼梯工程量按水平投影面积（不扣除小于 500mm 宽度的楼梯井）计算

C. 各种钢筋混凝土梁工程量计算时扣除钢筋铁件的体积

D. 钢筋混凝土基础工程量按设计图示尺寸以体积计算

15. 08 计价规范中，梁与柱相连时，梁长算至（　）。

A. 柱的侧面　B. 轴线　C. 柱中心线　D. 柱外缘线

16. 08 计价规范中，楼梯与楼地面相连时，无梯口梁者算至最上一层踏步边沿加（　）mm。

A. 100　B. 200　C. 300　D. 500

17. “木楼梯”（010503003）项目适用于楼梯和爬梯。工程量按设计图示尺寸以水平投影面积计算。不扣除宽度小于（　）的楼梯井，伸入墙内部分不计算。

A. 200mm　B. 300mm　C. 400mm　D. 500mm

18. 08 计价规范中，不规则多边形钢板面积按其（　）计算。

A. 实际面积　B. 外接矩形　C. 外接圆形　D. 内接矩形

**二、多项选择题**

1. 下面计入平整场地工程量的是（　）。

A. 落地阳台　B. 悬挑阳台　C. 地下室和半地下室的采光井

D. 地上无建筑物的地下停车场按地下停车场外墙外边线外围面积计算

E. 地上无建筑物的地下停车的出入口、通风竖井

2. 按 08 计价规范规定，土方工程分部分项工程量清单综合单价应包括（　）。

A. 指定范围内的土方一次或多次运输

B. 放坡增加工作面的土方挖运等

C. 机械挖土进出的施工工作面

D. 湿土排水

E. 基底夯实费用

3. 根据08计价规范有关规定，实心砖墙项目工程量计算规则正确的是（ ）。

A. 坡屋面无檐口天棚的外墙高度计算至屋面板底

B. 有屋架且室内外均有天棚其外墙高度算至屋架下弦另加200mm

C. 工程量按设计图示尺寸以面积计算

D. 位于屋架下弦的内墙高度算至屋架下弦底

E. 无屋架的内墙高度算至天棚底加高100mm

4. 按08计价规范规定，以下有关工程量计算规则正确的是（ ）。

A. 外墙抹灰面积按外墙垂直投影面积计算

B. 内墙裙抹灰按内墙净长线乘以高度计算

C. 零星抹灰项目适用于面积在$1m^2$以内的少量抹灰

D. 柱的抹灰按柱断面周长乘以高度计算

E. 墙面抹灰不扣除与构件交接处的面积

5. 包含在钢构件报价内的是（ ）。

A. 钢构件的除锈刷漆　　B. 射线探伤

C. 超声波探伤　　D. 钢构件拼装台的搭拆

E. 钢构件拼装台的材料摊销

6. 根据08计价规范，屋面排水管综合综合单价应包括（ ）。

A. 排水管　　B. 雨水口　　C. 沥青麻丝

D. 水斗　　E. 鼻子板

**三、判断题**（正确的在括号内打“√”，错误的在括号内打“×”）

1. 室内（房心）回填土工程量以主墙间净面积乘以填土厚度计算，这里的“主墙”是指结构厚度在120mm以上（不含120mm）的各类墙体。（ ）

2. 根据08计价规范的规定，薄壁柱以异形柱编码列项。（ ）

3. 根据08计价规范的规定，与现浇混凝土墙相连接的薄壁柱按墙项目编码列项。（ ）

4. “雨篷、阳台板”工程量按设计图示尺寸以墙外部分水平投影面积计算。包括伸出墙外的牛腿和雨篷挑檐的体积。（ ）

5. “预制混凝土楼梯”的工程量按设计图示尺寸以投影面积计算。（ ）

6. “木楼梯”项目适用于楼梯和爬梯。工程量按设计图示尺寸以水平投影面积计算。不扣除宽度小于300mm的楼梯井，伸入墙内部分不计算。（ ）

7. 根据08计价规范的规定，“直型楼梯”、“弧型楼梯”的工程量按设计图示尺寸以水平投影面积计算，不扣除宽度小于300mm的楼梯井，伸入墙内部分不计算。（ ）

8. 根据08计价规范的规定，空斗墙的窗间墙、窗台下、楼板下等的实砌部分，包含在墙体项目内。（ ）

**四、分析计算题**

1. 计算图 7-2 所示的图形的土（石）方工程量清单。

2. 根据图 7-2 及清单，按计价表计算土（石）方工程的清单综合单价。

3. 计算图 7-3 所示桩基础工程的工程量清单。

4. 按计价表计算图 7-3 所示桩基础工程的清单综合单价。

5. 计算图 7-2 所示砖基础工程的工程量清单。

6. 按计价表计算图 7-2 所示砖基础工程的清单综合单价。

7. 计算图 7-9 所示现浇框架柱、梁、板混凝土及钢筋混凝土工程的工程量清单。

8. 按计价表计算图 7-9 所示现浇框架柱、梁、板混凝土及钢筋混凝土工程的清单综合单价。

9. 计算图 7-7 所示钢筋工程的工程量清单。

10. 按计价表计算图 7-7 所示钢筋工程的清单综合单价。

11. 计算图 7-10 所示屋面工程的工程量清单。

12. 按计价表计算图 7-10 所示屋面工程的清单综合单价。

13. 甲方招标时在措施项目费中列出了室内空气污染测试费一项，但施工方认为土建工程不需要进行污染测试，未填金额，竣工验收时质监部门要求进行空气污染测试，施工方以当初报价未含此项费用为由，要求甲方给予补偿。甲方应否给予补偿？为什么？

# 第12章　装饰工程工程量清单计价

**一、单项选择题**

1. 按08计价规范的规定，楼梯侧面装饰，应按（　）编码列项。

A. 楼梯装饰清单项　　B. 墙面装饰清单项

C. 零星装饰清单项　　D. 天棚装饰清单项

2. 按08计价规范的规定，楼梯扶手、栏杆应按（　）编码列项。

A. 楼梯装饰清单项　　B. 地面、楼面装饰清单项

C. 扶手、栏杆清单项　　D. 零星装饰清单项

3. "水泥砂浆楼地面"（020101001）工程量按设计图示尺寸以面积计算。不扣除间壁墙和（　）以内的柱、垛、附墙烟囱及孔洞所占面积。

A. $0.3m^2$　　B. $0.5m^2$　　C. $0.6m^2$　　D. $1.0m^2$

4. 根据08计价规范的有关规定，楼地面整体面层清单项目，其工程量计算规则以下叙述错误的是（　）。

A. 按设计图示尺寸以面积计算

B. 扣除凸出地面的构筑物、设备基础、地沟等所占面积

C. 扣除柱、垛、附墙烟囱所占的面积

D. 不扣除间壁墙所占的面积

5. 根据08计价规范的规定，"水泥砂浆踢脚线"（020105001）的工程量按（　）计算。

A. 实际延长米　　B. 设计图示长度乘以高度以面积

C. 设计延长米　　D. 实际长度乘以高度以面积

6. 根据08计价规范规定，"金属扶手带栏杆、栏板"（020107001）工程量按（　）计算。

A. 设计图示以扶手中心线长度（包括弯头长度）

B. 水平投影长度

C. 设计图示扶手外包线长度（包括弯头长度）

D. 水平投影长度×1.18

7. 根据08计价规范规定，"石材楼梯面层"（020106001）工程量按设计图示尺寸以楼梯（　）计算。

A. 展开面积　　B. 水平投影面积

C. 展开面积×1.18　　D. 水平投影面积×1.18

8. 天棚吊顶清单工程量应扣除（　）所占面积。

A. 独立柱　　B. 附墙柱　　C. 检查口　　D. 间壁墙

9. 根据08计价规范的规定，全玻门是指玻璃面积占门扇面积的（　）以上者。

A. 40%　　B. 50%　　C. 60%　　D. 80%

10. 门窗油漆清单项目的计量单位是（　）。

A. $m^2$　　B. m　　C. 樘　　D. A 或 C

**二、多项选择题**

1. 根据 08 计价规范的规定，块料楼地面装饰按设计图示尺寸以面积计算，不扣除（　）的面积。

A. 间壁墙　　B. 独立柱　　C. 墙垛

D. $0.3m^2$ 以内的孔洞　　E. 室内地沟

2. 根据 08 计价规范的规定，与水泥砂浆楼地面工程量计算规则相同的有（　）。

A. 石材楼地面　　B. 块料楼地面　　C. 橡塑楼地面

D. 木地板　　E. 细石混凝土楼地面

3. 根据 08 计价规范的规定，“天棚吊顶”（020302001）工程量按设计图示尺寸以水平投影面积计算，扣除（　）的面积。

A. 间壁墙　　B. 独立柱　　C. 墙垛

D. $0.3m^2$ 以内的孔洞　　E. 窗帘盒

**三、判断题**（正确的在括号内打“√”，错误的在括号内打“×”）

1. 清单中关于楼梯的计算不管是何种面层计算规则是一样的，而计价表中就区分不同面层采用不同的计算规则。（　）

2. 楼梯栏杆计价规范的计算是按实际展开长度计算，计价表中则规定“楼梯踏步部分即楼梯段板的斜长部分的栏杆与扶手应按水平投影长度计算”。（　）

3. 清单中对楼梯天棚的抹灰工程量是按照投影面积进行计算的。（　）

4. 玻璃、百叶面积占其门扇面积一半以内者应为半玻门或半百叶门，超过一半时应为全玻门或全百叶门。（　）

5. 跌级、锯齿形、吊挂式、藻井式天棚的清单项的前四级项目编码是相同的。（　）

**四、思考题**

1. 说明整体面层和块料面层计算工程量时在清单计算和计价表计算中的异同。

2. 说明计算踢脚线时在清单计算和计价表计算中的不同。

3. 说明计算楼梯面层时在清单计算和计价表计算中的不同。

4. 说明计算外墙抹灰工程量时在清单计算和计价表计算中的不同。

**五、分析计算题**

1. 根据第 8 章分析计算题第 2 题的题意，计算楼地面工程的工程量清单。

2. 根据第 8 章分析计算题第 2 题的题意，按计价表计算楼地面工程的清单综合单价。

3. 根据第 8 章分析计算题第 3 题的题意，计算墙、柱面工程的工程量清单。

4. 根据第 8 章分析计算题第 3 题的题意，按计价表计算墙、柱面工程的清单综合单价。

5. 根据第 8 章分析计算题第 4 题的题意，计算天棚工程的工程量清单。

6. 根据第 8 章分析计算题第 4 题的题意，按计价表计算天棚工程的清单综合单价。

7. 根据第 8 章分析计算题第 5 题的题意，计算门窗工程的工程量清单。

8. 根据第 8 章分析计算题第 5 题的题意，按计价表计算门窗工程的清单综合单价。

# 第 13 章　清单法的计量、调整与支付

## 一、单项选择题

1. 工程量清单漏项或由于设计变更引起新的工程量清单项目，其相应综合单价（　）作为结算的依据。

A. 由监理工程师提出，经发包人确认后

B. 由承包方提出，经发包人确认后

C. 由承包方提出，经监理工程师确认后

D. 由发包方提出，经监理工程师确认后

2. 工程竣工后，由于洪水等不可抗力造成的损坏，承担保修费用的单位是（　）。

A. 施工单位　　B. 设计单位　　C. 建设单位　　D. 监理单位

3. 关于施工合同纠纷处理的方式，下列说法错误的是（　）。

A. 当事人首先必须选择通过和解或者调解解决合同争议

B. 当事人不愿和解、调解或者和解、调解不成的，可以根据仲裁协议向仲裁机构申请仲裁

C. 当事人没有订立仲裁协议，可以向人民法院起诉

D. 当事人订立的仲裁协议无效的，可以向人民法院起诉

4. 某建设项目业主与施工单位签订了可调价格合同。合同中约定：主导施工机械一台为施工单位租赁设备，台班单价 800 元/台班，租赁费为 500 元/台班，人工日工资单价为 50 元/工日，窝工费 20 元/工日。合同履行中，因工程师指令延迟造成全场停工 3 天，造成人员窝工 60 个工日；同时，业主指令增加一项新工作，完成该工作需要 6 天时间，机械 6 台班，人工 120 个工日，材料费 15000 元，则施工单位可向业主提出直接工程费补偿额为（　）元。

A. 25800　　B. 23100　　C. 31200　　D. 28500

5. 对于可原谅但不给予补偿费用的延期产生原因表述错误的是（　）。

A. 由发包人原因导致的延期

B. 非承包人责任的影响并未导致施工成本的额外支出

C. 属于发包人应承担风险责任事件的影响

D. 可能是由异常恶劣的气候条件影响的停工

6. 若在某工程施工过程中发生以下事件：5 月 1 日～5 月 15 日因发包人原因而延误，5 月 5 日～5 月 25 日因客观原因而延误，5 月 13 日～5 月 22 日因承包人原因而延误，则在 5 月 13 日～5 月 15 日时间段内承包人可以获得的补偿是（　）。

A. 工期补偿　　B. 费用补偿

C. 工期＋费用补偿　　D. 没有补偿

7. 某土方工程业主与施工单位签订了土方施工合同，合同约定的土方工程量为 $10000m^3$，合同工期为 55 天，合同约定：工程量增加 10％以内为施工方应承担的工期风险。挖运过程中，因出现地质条件变化，致使土方量增加到 $12000m^3$，则施工方可提出的

工期索赔为（　）天。

A. 16.5　　B. 5.5　　C. 11　　D. 5

**二、多项选择题**

1. 确定工程变更价款时采用的方法有（　）。

A. 合同中已有适用于变更工程的价格，按合同已有的价格计算变更合同价款

B. 合同中只有类似于变更工程的价格，可以参照类似价格变更合同价款

C. 合同中只有类似于变更工程的价格，由工程师确定

D. 合同中没有适用或类似于变更工程的价格，由承包方提出适当的变更价格，由工程师确认后执行

E. 合同没有适用或类似于变更工程的价格，必须由工程师确定

2. 因不可抗力导致的费用中由发包人负担的是（　）。

A. 工程本身的损失　　B. 发包方人员伤亡

C. 承包方人员伤亡　　D. 第三方人员伤亡

E. 承包人应工程师要求留在施工场地的必要的管理人员及保卫人员的费用

**三、判断题**（正确的在括号内打"√"，错误的在括号内打"×"）

1. 实行招标的工程合同价款应在中标通知书发出之日起 15 日内，由发、承包人双方依据招标文件和中标人的投标文件在书面合同中约定。（　）

2. 实行招标的工程，合同约定不得违背招、投标文件中关于工期、造价、质量等方面的实质性内容。招标文件与中标人投标文件不一致的地方，以招标文件为准。（　）

3. 实行工程量清单计价的工程，宜采用单价合同。（　）

4. 工程计量时，若发现工程量清单中出现漏项、工程量计算偏差，应按清单工程量计算。（　）

5. 发包人不按合同约定支付工程进度款，双方又未达成延期付款协议，导致施工无法进行时，承包人如停止施工，由承包人承担违约责任。（　）

6. 若施工期内市场价格波动超出一定幅度时，应按合同约定调整工程价款；合同没有约定或约定不明确的，应按省级或行业建设主管部门或其授权的工程造价管理机构的规定调整。（　）

7. 暂列金额应减去工程价款调整与索赔、现场签证金额计算，如有余额归承包人。（　）

8. 发包人或受其委托的工程造价咨询人收到承包人递交的竣工结算书后，在合同约定时间内，不核对竣工结算或未提出核对意见的，视为承包人递交的竣工结算书已经认可，发包人应向承包人支付工程结算价款。（　）

9. 发包人应对承包人递交的竣工结算书签收，拒不签收的，承包人可以不交付竣工工程。（　）

10. 同一工程竣工结算核对完成，发、承包双发签字确认后，发包人可以要求承包人与另一个或多个工程造价咨询人重复核对竣工结算。（　）

# 第14章 建筑工程招标与投标

## 一、单项选择题

1.《中华人民共和国招标投标法》规定，中标人的投标应当符合下列条件（　）。

A. 中标人报价最低

B. 经评审的合理低价

C. 能够满足招标文件的实质性要求，并且经评审的投标价格最低；但是投标价格低于成本的除外

D. 经评审的合理低价且不低于成本

2. 建设项目招标公告与投标邀请书上应当载明（　），以及获取招标文件的办法。

A. 招标人的名称和地址，项目的质量、数量，项目的实施地点、时间

B. 招标人的名称和地址，项目的质量、数量及项目的实施时间

C. 招标人的名称和地址，项目的性质、数量，项目的实施地点及时间

D. 招标人的名称和地址，项目的性质、数量，项目的招标地点、时间

3. 开标应当在招标文件确定的提交投标文件截止时间的（　）进行。

A. 同一时间公开　　B. 单独确定时间公开

C. 同一时间秘密　　D. 一定时间内公开

4. 若招标人不符合自行招标条件的，则应（　）。

A. 暂时不招标，直到招标人获取相应资质为准

B. 建立机构或补充人员，取得自行招标资格

C. 委托具有相应资质的工程招标代理机构代理招标

D. 应更换招标人

5. 招标投标法关于开标程序，下列叙述正确的是（　）。

A. 招标人只通知一部分投标人参加开标

B. 开标地点应当为招标人与投标人商定的地点

C. 开标由招标人主持，邀请所有投标人参加

D. 招标管理机构作为招标活动的发起者和组织者，应当负责开标的举行

6. 勘察现场和投标预备会的时间顺序是（　）。

A. 勘察现场应在投标截止时间前安排，与投标预备会没有必然的时间联系

B. 勘察现场在投标预备会之后的1～2天

C. 勘察现场通常安排在投标预备会的当天进行

D. 勘察现场一般安排在投标预备会之前1～2天

7. 承包人投标时，需要在投标报价前期进行调查研究，收集信息资料，其中工程项目方面的情况主要包括（　）。

A. 工程价款的支付方式、外汇所占比例

B. 业主的资信情况

C. 竞争对手资料

D. 工程所在地的自然条件

8. 通常情况下，出现以下（　）情况时，招标人将不予受理投标文件。

A. 投标文件未按规定格式填写

B. 投标人名称或组织结构与资格预审时不一致

C. 未按招标文件要求提交投标保证金的

D. 未按招标文件要求密封的

9. 招标人与中标人签订合同后（　）个工作日内，应当向未中标的投标人退还投标保证金。

A. 3　　B. 5　　C. 7　　D. 15

10. 招投标中，最终确定中标人的是（　）。

A. 发包人　　B. 评标委员会

C. 工程造价管理机构　　D. 工程咨询机构

11. 施工招标项目工期超过（　）个月的，招标文件中可以规定工程造价指数体系、价格调整因素和调整方法。

A. 6　　B. 12　　C. 18　　D. 24

12. 投标保证金一般不得超过投标总价的（　），且最高不得超过 80 万元人民币。

A. 1%　　B. 2%　　C. 3%　　D. 4%

**二、多项选择题**

1. 投标文件有下列（　）情形之一的，招标人不予受理投标文件。

A. 无单位盖章并无法定代表人或法定代表人授权的代理人签字或盖章的

B. 逾期送达的或者未送达指定地点的

C. 未按规定的格式填写，内容不全或关键字迹模糊、无法辨认的

D. 未按招标文件要求密封的

E. 投标人名称或组织结构与资格预审时不一致的

2. 投标文件有下列（　）情形之一的，由评标委员会初审后按废标处理。

A. 无单位盖章并无法定代表人或法定代表人授权的代理人签字或盖章的

B. 逾期送达的或者未送达指定地点的

C. 未按规定的格式填写，内容不全或关键字迹模糊、无法辨认的

D. 未按招标文件要求密封的

E. 投标人名称或组织结构与资格预审时不一致的

**三、判断题**（正确的在括号内打“√”，错误的在括号内打“×”）

1. 开标后，任何投标人都不允许更改投标书的内容和报价，但可以再增加优惠条件。（　）

2. 计价规范规定，设计变更引起的新的工程量清单项目或清单项目工程数量的增减，均应按实调整，但招标工程的清单项目工程数量增减不予调整。（　）

3. 中标通知书对招标人和中标人具有法律效力。中标通知书发出后，招标人改变中标结果的，或者中标人放弃中标项目的，应当依法承担法律责任。（　）

4. 招标文件要求中标人提交履约保证金或者其他形式履约担保的，中标人应当提交；拒绝提交的，视为放弃中标项目。（　）

5. 依法必须进行招标的项目，招标人必须确定排名第一的中标候选人为中标人。( )

**四、思考题**

1. 依法必须招标的工程建设项目，应当具备哪些条件才能进行施工招标？

2. 应当采用公开招标的工程有哪些？

3. 有哪些情形经批准可以进行邀请招标？

4. 需要审批的工程建设项目，有哪些情形由规定的审批部门批准，可以不进行施工招标？

5. 简要说明施工公开招标的程序。

# 第15章　课　程　设　计

## 编制某工程（土建）清单及预算书

### 一、编制依据

（1）某工程设计图纸（建筑和结构）一套（见图15－1～图15－10）。

（2）现行地方建筑工程预算定额。

（3）现行地方建筑工程费用定额。

（4）当地现行有关取费文件。

（5）工程量清单计价规范。

### 二、设计说明

（1）本工程中±0.000m相当于绝对标高5.200m。

（2）本工程除图中注明者外，其建筑装修做法如下（设计中所引用标准图集的做法见表15－1）：

**表15－1　　标准图集说明表**

| 索引符号 | 名　称 | 做 法 及 说 明 |
| --- | --- | --- |
| 苏J9501—2/1 | 钢筋混凝土防潮层 | 60厚C15混凝土配2$\phi$6一圈<br>用于砖墙墙身 |
| 苏J9501—10/2 | 水磨石地面 | 1. 15厚1∶2水泥白石子（或掺有色石子）磨光打蜡，每间距800～1000mm（或按设计）用玻璃条分格<br>2. 20厚1∶3水泥砂浆找平层<br>3. 60厚C10混凝土<br>4. 100厚碎石或碎砖夯实<br>5. 素土夯实 |
| 苏J9501—14/2 | 地砖地面 | 1. 8～10厚300mm×300mm地面砖干水泥擦缝2mm<br>2. 撒素水泥面（洒适量清水）<br>3. 10厚1∶2干硬性水泥砂浆结合层<br>4. 刷素水泥浆结合层一道<br>5. 60厚C10混凝土<br>6. 100厚碎石或碎砖夯实<br>7. 素土夯实 |
| 苏J9501—3/2 | 水泥地面 | 1. 20厚1∶2水泥砂浆，压实抹光<br>2. 80厚C15混凝土<br>3. 120厚碎石或碎砖夯实<br>4. 素土夯实 |

续表

| 索引符号 | 名 称 | 做 法 及 说 明 |
|---|---|---|
| 苏 J9501—5/3 | 水磨石楼面 | 1.15 厚 1∶2 白水泥白石子（或掺有色石子）磨光打蜡<br>2.20 厚 1∶3 水泥砂浆找平层<br>3. 现浇钢筋混凝土楼板 |
| 苏 J9501—5/4 | 水磨石踢脚 | 1.10 厚 1∶2 水泥白石子（或掺有色石子）磨光打蜡<br>2.12 厚 1∶3 水泥砂浆打底 |
| 苏 J9501—3/4 | 水泥踢脚 | 1.6 厚 1∶2.5 水泥砂浆压实抹光<br>2.8 厚 2∶1∶8 水泥灰石膏砂浆打底<br>3. 刷（喷）一道 107 胶水泥浆，配比：107 胶∶水泥∶水＝1∶1∶4，边涂边抹加气砂轻质砂浆 6～8 厚，压实抹光与基层牢固粘结 |
| 苏 J9501—4/5 | 水泥砂浆粉面 | 1. 刷（喷）内墙涂料<br>2.10 厚 1∶2 水泥砂浆抹面<br>3.15 厚 1∶1∶6 水泥石灰砂浆打底<br>4. 混凝土墙、柱面先刷素水泥浆一道（内掺水重 3%～5%的 107 胶）<br>5. 加气混凝土墙体，刷（喷）一道 107 胶水泥浆（配比：107 胶∶水泥∶水＝1∶1∶4），填补及打底需用加气砂轻质砂浆（系废加气混凝土或加气混凝土加工成的细粒径轻质砂）遇加气混凝土与钢筋混凝土交接处用浸湿的麻布粘贴在抹灰底层上 |
| 苏 J9501—22/5 | 瓷砖墙面 | 1.5 厚釉面砖白水泥浆擦缝<br>2.6 厚 1∶2.5 水泥砂浆粉面<br>3.12 厚 1∶3 水泥砂浆打底 |
| 苏 J9501—12/6 | 面砖墙面 | 1.1∶1 水泥砂浆（细砂）勾缝<br>2.6～12 厚面砖（在面砖粘结面上随贴随刷一道混凝土界面处理剂，增强黏结）<br>3.10 厚 1∶0.2∶2 水泥石灰膏砂浆粘结层<br>4.10 厚 1∶3 水泥砂浆打底扫毛 |
| 苏 J9801—1/7 | 高分子复合防水屋面 | 1.40 厚 C20 细石混凝土，内配 $\phi$4 双向钢筋，中距 150 压光找平<br>2.20 厚 1∶2.5 水泥砂浆找平层<br>3. 挤塑聚苯乙烯保温板<br>4.SBS 改性沥青防水卷材一层<br>5.20 厚 1∶2.5 水泥砂浆找平层<br>6. 聚氨酯涂膜 1.5mm 厚<br>7.20 厚 1∶3 水泥砂浆找平层，现浇钢筋混凝土屋面板 |
| 苏 J9501—3/8 | 板底抹灰平顶 | 1. 刷（喷）平顶涂料<br>2.3 厚细纸筋（麻刀）石灰粉面<br>3.8 厚 1∶0.3∶3 水泥石灰膏砂浆<br>4. 刷素水泥浆一道（内掺水重 3%～5%）的 107 胶<br>5. 现浇钢筋混凝土板 |

续表

| 索引符号 | 名 称 | 做 法 及 说 明 |
|---|---|---|
| 苏 J9501—3/9 | 调和漆 | 1. 调和漆二度<br>2. 满挂腻子<br>3. 底油一度 |
| 苏 J9501—3/11 | 水泥台阶 | 1. 70 厚 C15 混凝土（厚度不包括三角部分）随打随抹，上撒 1∶1 水泥沙子压实抹光（立帮待混凝土稍干后抹光）台阶面向外坡 1%<br>2. 200 厚碎石或碎砖灌 M2.5 混合砂浆<br>3. 素土夯实（坡度按工程设计） |
| 苏 J9501—2/12 | 细石混凝土散水 | 1. 40 厚 C20 细石混凝土，撒 1∶2 水泥黄沙压实抹光<br>2. 120 厚碎石或碎砖灌 M2.5 混合砂浆<br>3. 素土夯实，向外坡 4% |

1）墙基防潮：苏 J9501—2/1。

2）地面做法：

——苏 J9501—10/2（用于办公室、仪表化验室、电气室、水磨石地面）。

——苏 J9501—14/2（用于卫生间，地砖地面）。

——苏 J9501—3/2（用于交换器室、水泵间、加氨室及室外罐区，水泥地面）。

3）楼面做法：苏 J9501—5/3（用于办公室、仪表化验室、电气室、楼梯间，水磨石地面）。

4）踢脚做法：

——苏 J9501—5/4（用于水磨石房间，水磨石踢脚，台度）。

——苏 J9501—3/4（用于水泥楼地面房间，水泥踢脚，台度）。

5）内墙面做法：

——苏 J9501—4/5（水泥砂浆粉面）。

——苏 J9501—22/5（瓷砖墙面，用于卫生间）。

6）外墙面做法：苏 J9501—12/6（面砖墙面）。

7）屋面做法：苏 J9801—1/7（高分子复合防水屋面）。

8）平顶做法：苏 J9501—3/8（板底抹灰平顶）。

9）油漆做法：苏 J9501—3/9（调和漆）。

10）台阶做法：苏 J9501—3/11（水泥台阶）。

11）散水做法：苏 J9501—2/12（细石混凝土散水）。

12）楼梯扶手做法：苏 J9505—7/22（型钢栏杆木扶手）。

（3）圈梁、梁与圈梁、构造柱与墙体的拉接等的抗震做法参见苏 G9202（6 度设防）。

（4）屋顶女儿墙构造柱配筋：240mm×240mm，4$\phi$10，$\phi$6@200。

（5）材料：

1）砖 MU7.5，地面以上外墙采用 KP—1，内隔墙用 KM—1。

2）砂浆 M5.0（混合砂浆，±0.000m 以下用水泥砂浆）。

3）混凝土 C25，基础垫层 C10。

（6）凡门窗宽度大于 1500mm，且无过梁详图时，均采用钢筋砖过梁，配筋为 3$\phi$6，用 30mm 厚 M10 水泥砂浆保护，钢筋伸入砖墙内不小于一砖长并向上作 90°弯钩，洞口上方用 M10 水泥砂浆砌筑 6 皮砖。

凡门窗宽度大于 1500mm，采用钢筋混凝土过梁，具体见门窗表（表 15-2）。

表 15-2 门 窗 表

| 名称 | 设计编号 | 洞口尺寸（宽×高） | 数量 | 备 注 |
|---|---|---|---|---|
| 门 | M1 | 3000×3600 | 1 | 门樘、门梁见 J644 MT4—36A ML4A—30A |
| | M2 | 2400×3000 | 1 | 门樘、门梁见 J644 MT4—30A ML4A—24A |
| | M3 | 1200×2400 | 2 | 钢筋砖过梁 |
| | M4 | 1000×2400 | 5 | 钢筋砖过梁 |
| | M5 | 900×2100 | 1 | 钢筋砖过梁 |
| 窗 | C1 | 1500×1800 | 28 | 过梁见 93G322 GLA4151 |
| | C2 | 2000×1800 | 4 | 过梁见 93G322 GLA4201 |
| | C3 | 1200×1800 | 2 | 钢筋砖过梁 |
| | C4 | 1000×1800 | 5 | 钢筋砖过梁 |

注 本工程除 M1、M2、M3 为钢门外，余者均为铝合金门窗。

## 三、施工条件

（1）本工程建在郊区内某地，建设场地平坦，周围已有前期房屋多幢。交通运输较为方便，工地旁有主要交通道路通过，施工中所用的主要建筑材料与构件均可直接运进工地。施工中所需的水、电，可从附近的电路和水网中引入。

（2）本工程由某建筑公司承包施工（包工包料）。根据该公司的技术力量和实际情况，施工中拟采用人工挖土，人力车运土，卷扬机井架垂直运输。工程余土采用汽车运输至场外弃土。

## 四、编制要求

（1）根据《工程量清单计价规范》编制工程量清单；

（2）根据工程量清单编制投标报价，材料价格按定额价（**注意：**实际工作中，材料价格按市场价）。

（3）清单及预算书要求编制内容齐全，定额查阅有据，工程量列算式，文字说明简洁扼要，书写端正清楚，注意规范性及系统性。

## 五、工程设计图

工程设计图见图 15-1～图 15-10。

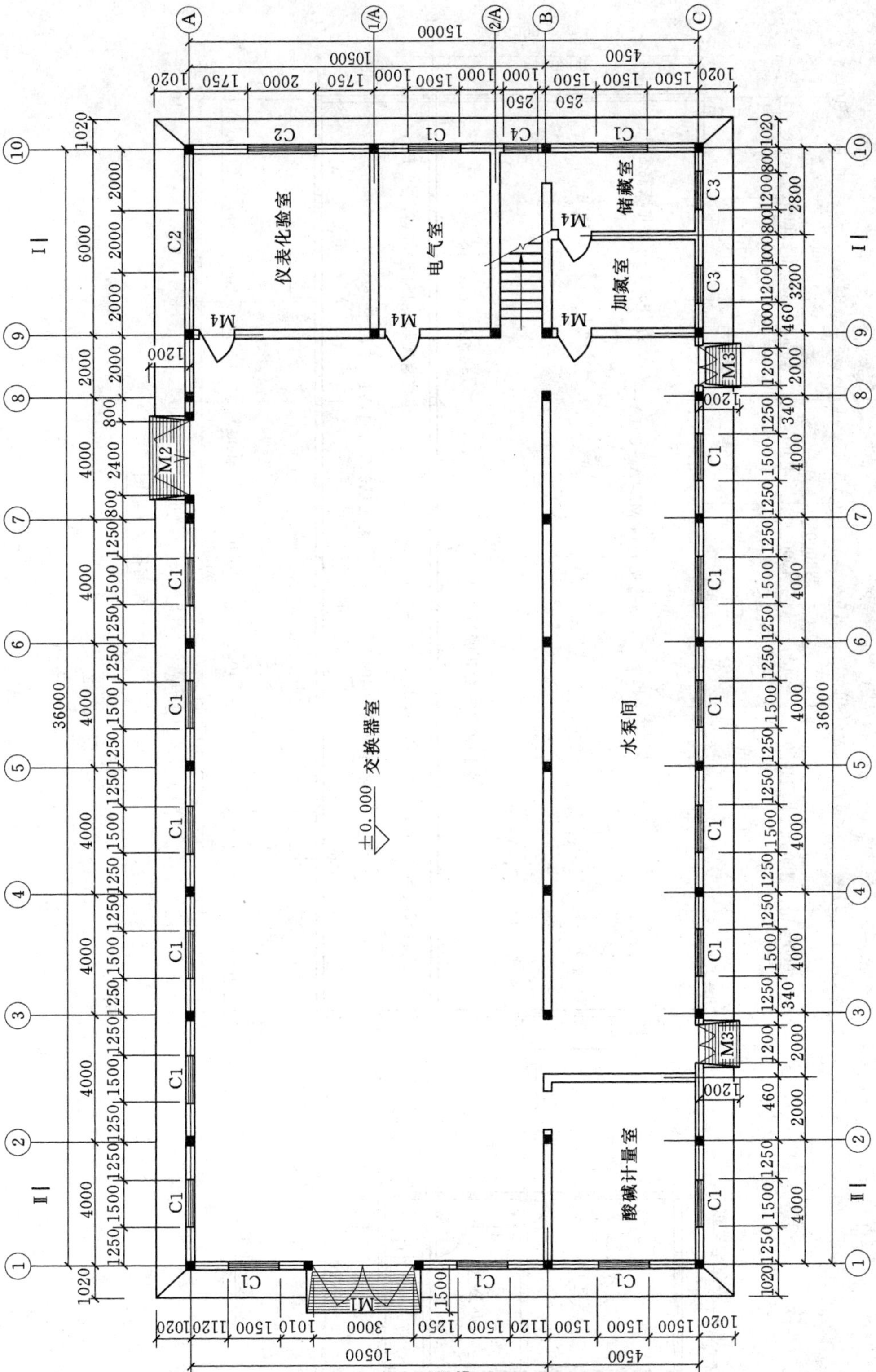


一层平面图

图 15-1

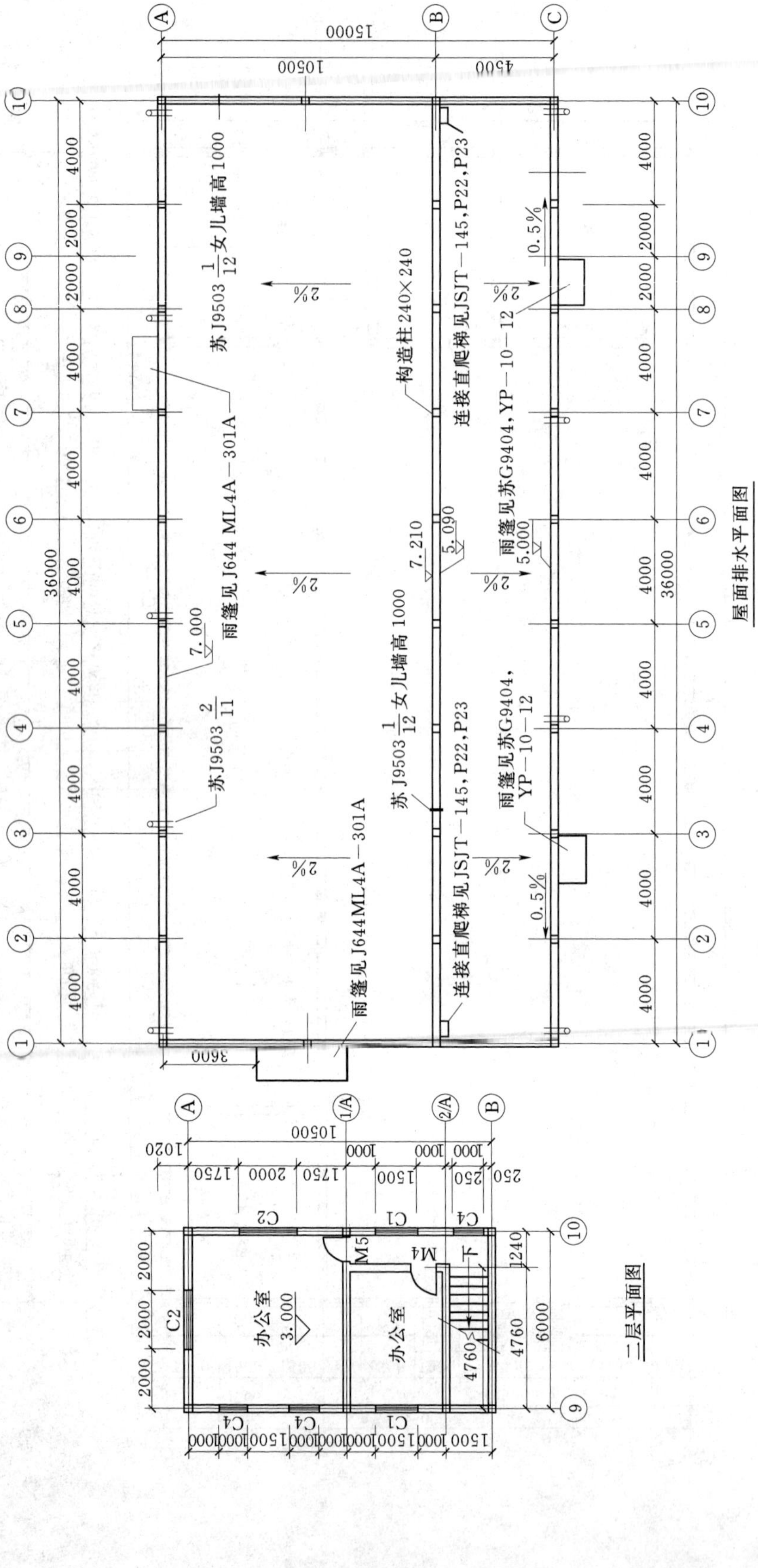
屋面排水平面图
二层平面图
苏J9503 $\frac{1}{12}$ 女儿墙高1000
苏J9503 $\frac{2}{11}$
雨篷见J644 ML4A－301A
雨篷见J644ML4A－301A
构造柱240×240
连接直爬梯见JSJT－145，P22，P23
雨篷见苏G9404，YP－10－12
7.000
7.210
5.090
5.000
2%
0.5%
15000
10500
4500
36000
4000
2000
3600
办公室
3.000
M5
M4
C1
C2
C4
下
4760
6000
1240
1020
1750
1500
1000
250

图 15－2

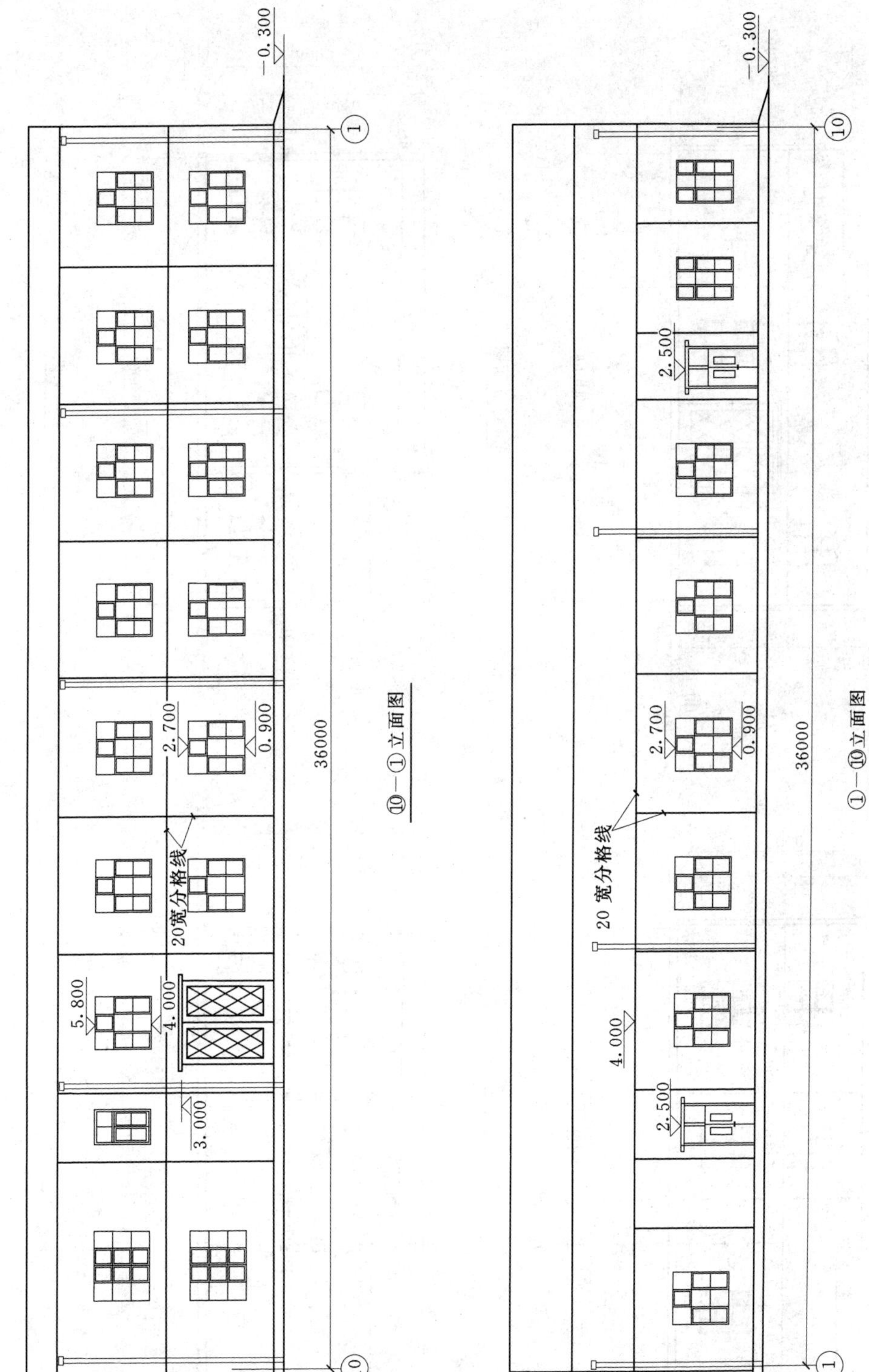


⑩—①立面图

①—⑩立面图

图 15-3

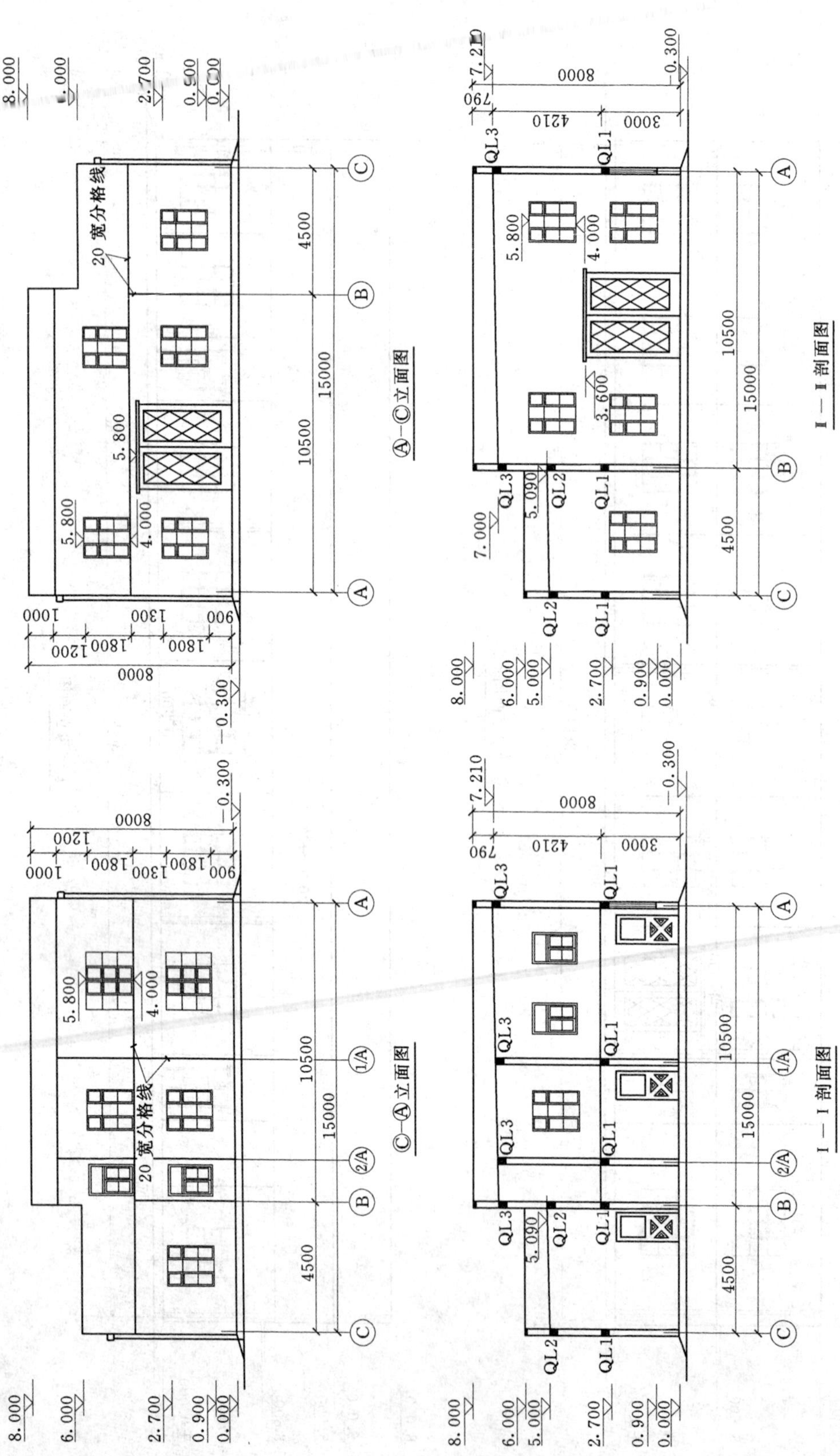


图 15-4

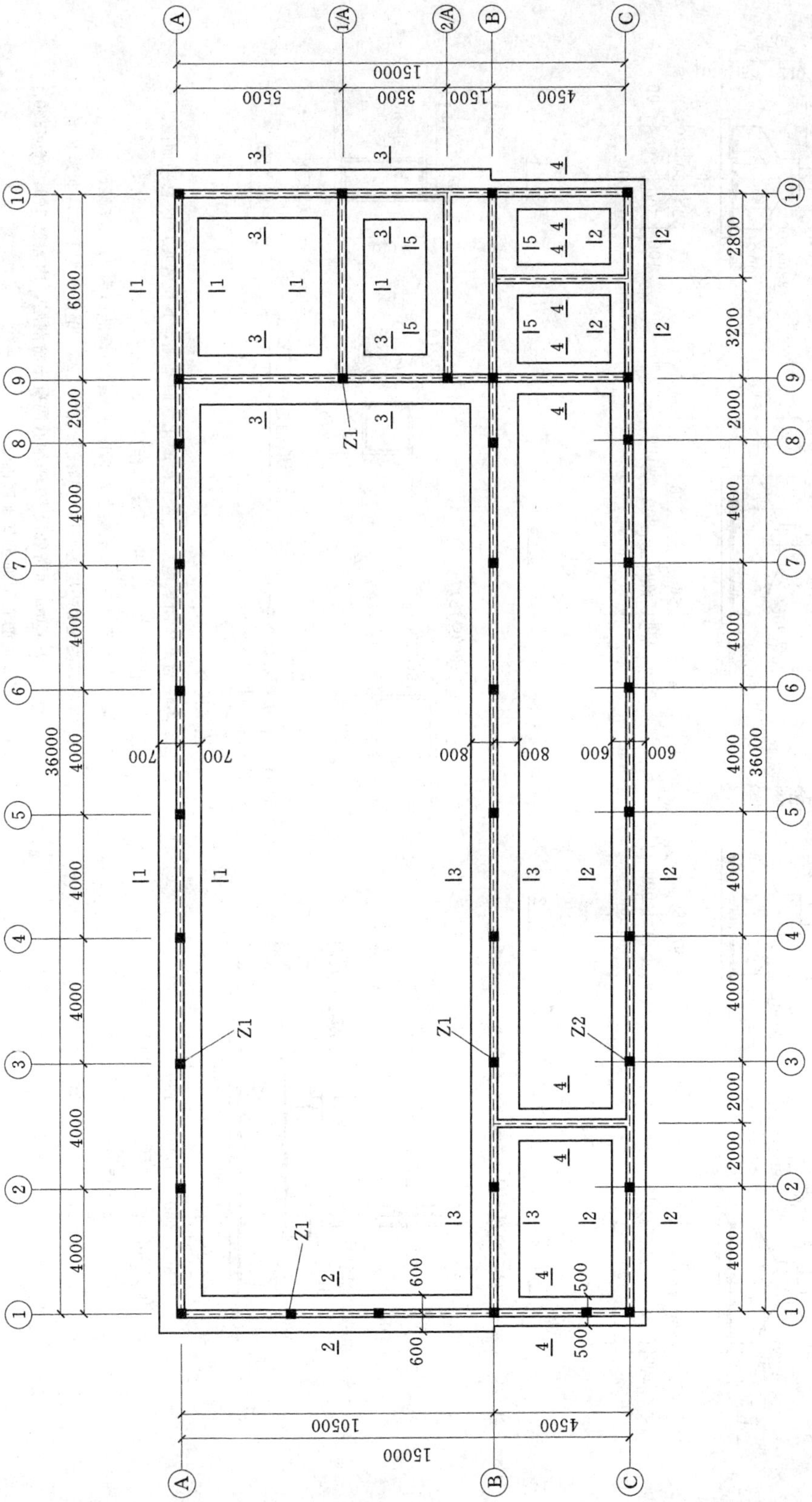


基础平面图

图 15－5

注 ----表示基础梁

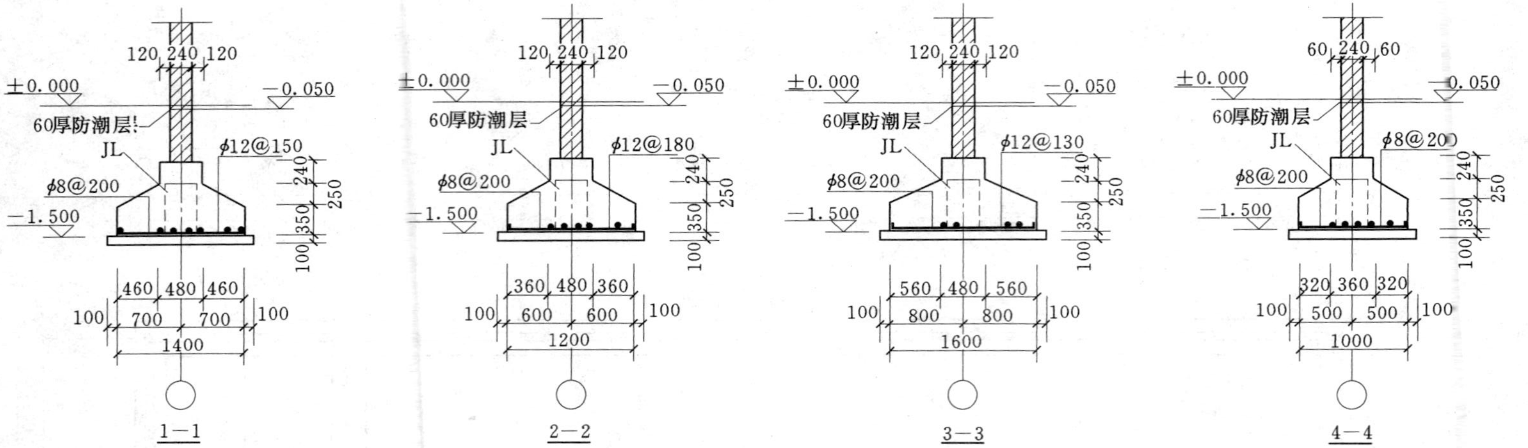


注 1—1、2—2 有一侧在室外，该侧地面标高为−0.300m。

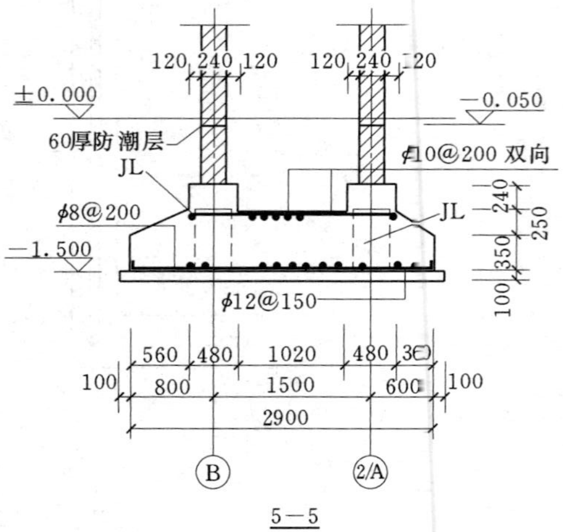


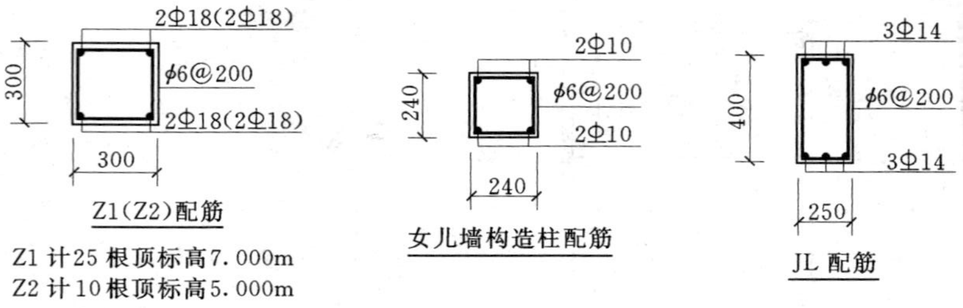


施工说明

1. 本图为某集团热电厂改造工程的化水间基础，其位置见厂区总平面图。
2. 本工程中±0.000 相当于绝对标高 5.200m。
3. 基础坐落于 2—1 黏土层上，其地基承载力标准值为 $f_K=250\text{kPa}$。
4. 材料混凝土：垫层为 C10，基础梁柱为 C25，钢筋 φ 为Ⅰ级，Φ 为Ⅱ级。
5. 墙体−0.050m 标高处设 60 厚细石混凝土防潮层，内配筋 3φ8，φ6@300。
6. Z1、Z2 主筋必须伸至基础底面。

图 15 - 6

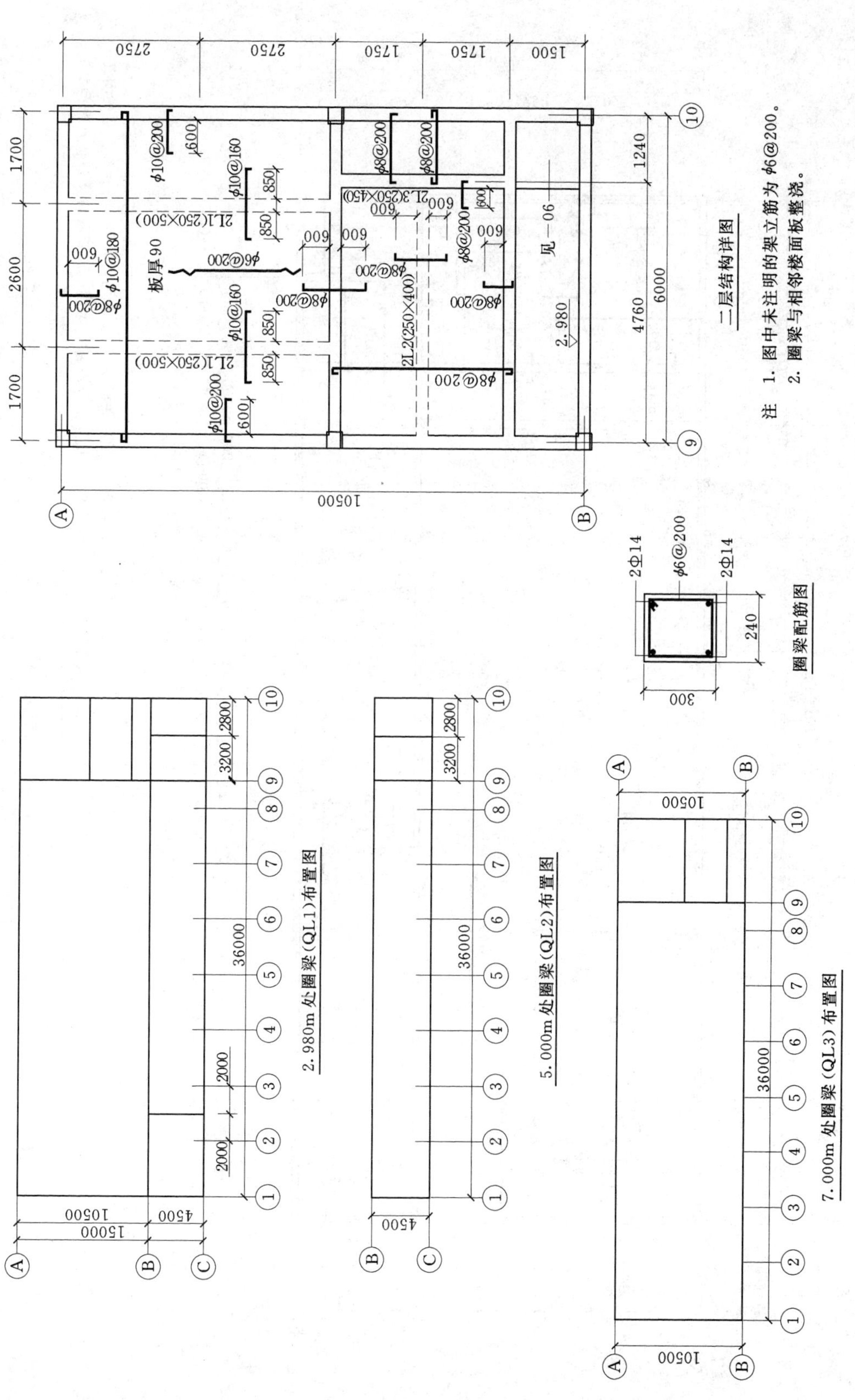
二层结构详图
注　1. 图中未注明的架立筋为 φ6@200。
2. 圈梁与相邻楼面板整浇。
板厚 90
2L1(250×500)
2L2(250×400)
2L3(250×450)
见—06
2.980
圈梁配筋图
2Φ14
φ6@200
2Φ14
240
300
2.980m 处圈梁(QL1)布置图
5.000m 处圈梁(QL2)布置图
7.000m 处圈梁(QL3)布置图
36000
10500
15000
4500

图 15－7

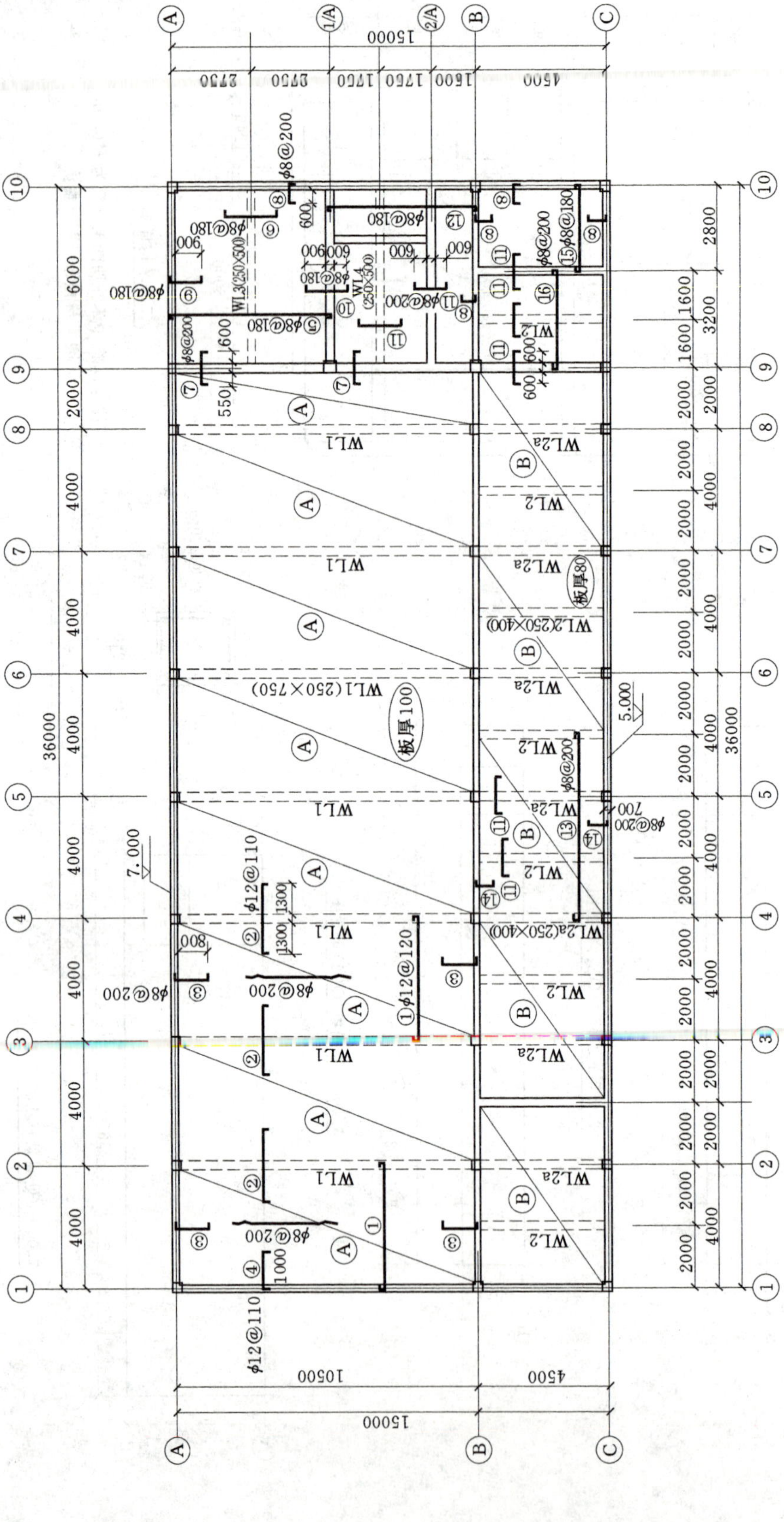


注 1. 7.000m层屋面板厚100，本图中未标示的分布筋为 φ6@200。
2. 5.000m层屋面板厚80，本图中未标示的分布筋为 φ6@200。

屋面结构图

图 15-8

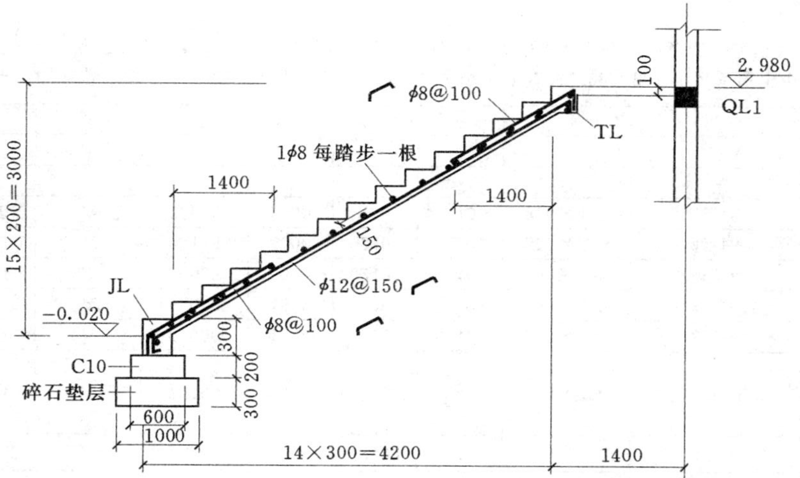


梯段配筋图

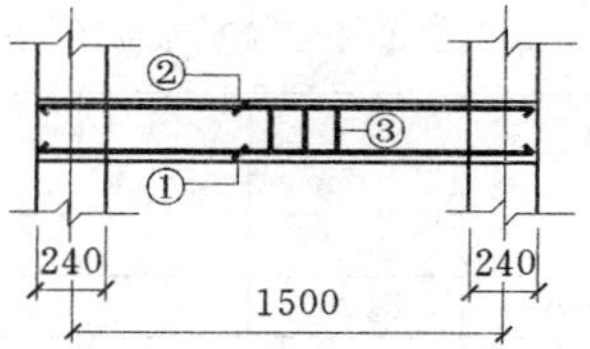


TL(JL)配筋图

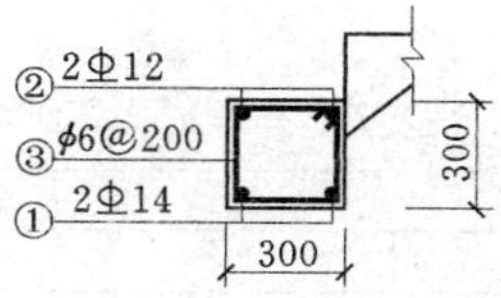


JL

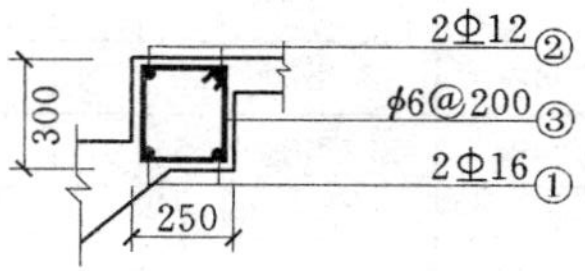


TL

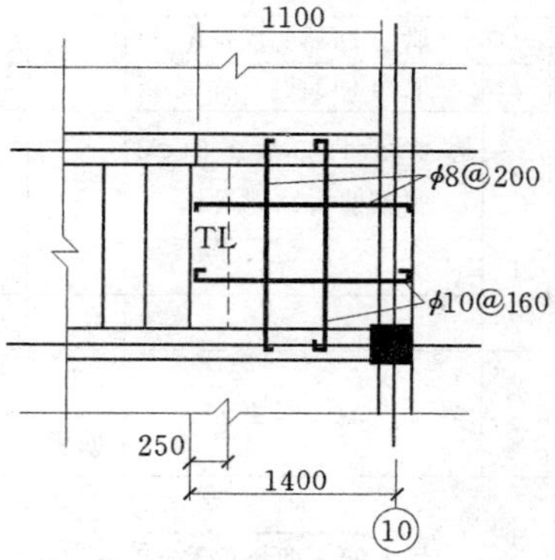


3000m 平台板配筋图

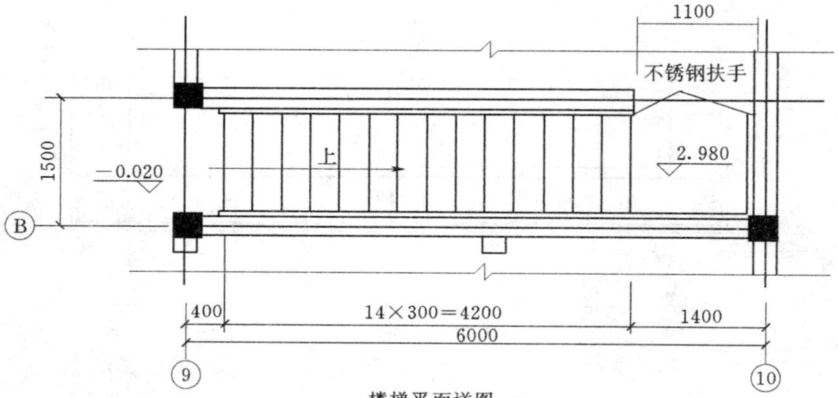


楼梯平面详图

注 1. 踏步两侧墙面离踏步板 1m 每 300mm 预埋 T1010A，用于安装扶手。
2. 扶手采用 $\phi$60 不锈钢管制作。
3. 本图中标高不包括面层厚度。
4. 未尽部分见图 15 - 6 基础详图中的施工说明。

图 15 - 9

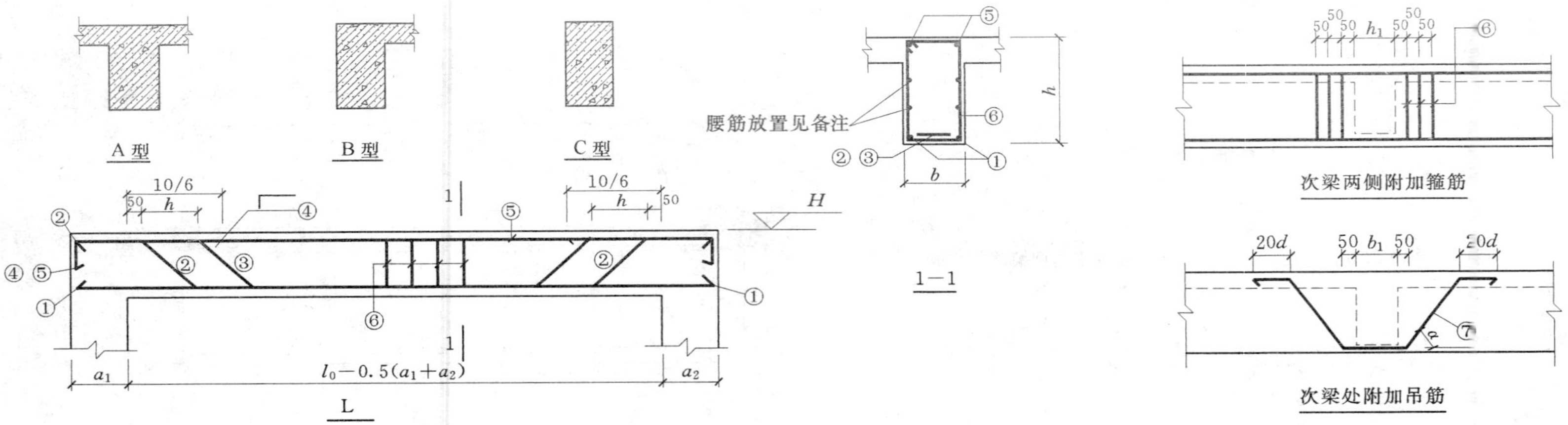


| 梁号 | 断面型号 | 梁面标高 H（m） | 跨度 ($l_0$) | 支承长度 | | 断面 b×h | 钢筋 | | | | | 箍筋 | 吊筋 | 备注 | 数量 |
|---|---|---|---|---|---|---|---|---|---|---|---|---|---|---|---|
| | | | | $a_1$ | $a_2$ | | ① | ② | ③ | ④ | ⑤ | ⑥ | ⑦ | | |
| 2L1 | A | 2.980 | 5500 | 240 | 240 | 250×500 | 4Φ16 | | | | 2Φ12 | ϕ8@200 | | | 2 |
| 2L2 | A | 2.980 | 4760 | 240 | 240 | 250×400 | 4Φ16 | | | | 2Φ12 | ϕ8@200 | | | 1 |
| WL1 | A | 7.000 | 10500 | 300 | 300 | 250×750 | 4Φ25+2Φ22 | 1Φ22 | | | 2Φ22 | ϕ10@200 | | 四肢箍双排筋腰筋 2Φ16 单坡 2%坡向 A 轴 | 7 |
| WL2 | A | 5.000 | 4500 | 240 | 240 | 250×400 | 3Φ16 | | | | 2Φ12 | ϕ8@200 | | 单坡 2%坡向 C 轴 | 7 |
| WL2a | A | 5.000 | 4500 | 300 | 300 | 250×400 | 3Φ16 | | | | 2Φ12 | ϕ8@200 | | 单坡 2%坡向 C 轴 | 7 |
| WL3 | A | 7.055 | 6000 | 240 | 240 | 250×500 | 4Φ18 | | | | 2Φ12 | ϕ8@200 | | | 1 |
| WL4 | A | 7.145 | 6000 | 240 | 240 | 250×500 | 4Φ16 | | | | 2Φ12 | ϕ8@200 | | | 1 |
| 2L3 | A | 2.980 | 3500 | 240 | 240 | 250×450 | 4Φ18 | | | | 2Φ12 | ϕ8@200 | | | 1 |
| | | | | | | | | | | | | | | | |
| | | | | | | | | | | | | | | | |
| | | | | | | | | | | | | | | | |

**注** 1. 材料：混凝土 C25，钢筋 ϕ 表示Ⅰ级钢，Φ 表示Ⅱ级钢。2. ①钢筋伸入支座不小于 15$d$，且伸足支座，②③钢筋伸入支座 20$d$。3. ④⑤伸入支座 35$d$。4. $\alpha$ 为 45°。5. 本表中跨度、支承长度、断面的单位为毫米（mm），梁面标高的单位为米（m）。6. 采用结构找坡，屋面梁板面按 2%坡向Ⓐ轴和Ⓒ轴。

图 15 - 10　单跨梁图

# 习 题 参 考 答 案

## 第1章　建筑工程定额与预算概述

**一、单项选择题**

1. C　2. B　3. D　4. C　5. A　6. B　7. A　8. C　9. C　10. A　11. C　12. A　13. C　14. C　15. B　16. D　17. A　18. A　19. B　20. C　21. B　22. D　23. A　24. D

25. B　26. D（解题要点：随着我国市场机制的建立和发展，传统的与计划经济相适应的概预算定额管理体制已经不能适应形势发展的需要，因此要进行改革。为适应市场机制的要求，工程造价管理改革的目标只能是建立以市场形成价格为主的价格机制）　27. C　28. B　29. C　30. D　31. B　32. A（解题要点：建设期贷款利息计入工程造价，建设期贷款不计入）　33. C　34. D　35. B　36. B　37. A　38. D　39. D　40. A　41. D　42. C　43. B　44. A　45. C　46. A　47. D　48. A　49. B　50. C

**二、多项选择题**

1. BCE　2. ACDE　3. ABC　4. ACE　5. ACE　6. ACD　7. AE　8. ACE　9. ABCD

**三、判断题**

1. ×（20%应改为30%）　2. √　3. √　4. ×（概算定额应改为施工定额，施工定额应改为概算定额）　5. ×（单项工程应改为以分部工程或单位工程为对象）　6. ×（预算定额应改为施工定额或劳动定额）　7. √　8. √　9. √　10. √

**四、思考题**

1. 定额是用来规定生产产品的人工、材料和机械的消耗量的一本书。预算就是对建筑工程这种产品在施工之前预先进行计算价格。

2. 建设项目由大到小划分为：建设项目、单项工程、单位工程、分部工程、分项工程。例如，××小区为建设项目，其中01栋房屋为单项工程，01栋中的土建工程为单位工程，土建工程中的砌筑工程为分部工程，砌筑工程中的砖基础为分项工程。

3. 广义的工程造价是指完成一个建设项目所需费用的总和，包括建筑安装工程费、设备与工器具购置费、工程建设其他费、预备费、建设期贷款利息和固定资产投资方向调节税。狭义的工程造价是指建筑市场上承发包建筑安装工程的价格。一般是单项工程的价格。

4. 项目建议书阶段，编制初步投资估算；在可行性研究阶段，再次编制投资估算；初步设计阶段，编制初步设计总概算；施工图设计阶段，编制施工图预算；建设实施阶段，编制结算；竣工验收阶段，编制决算。

5. 施工定额是为施工生产而服务的定额，而预算定额是为计价服务的定额；施工定额反映的劳动生产率是社会平均先进水平，而预算定额是社会平均合理水平。

## 第2章　建筑工程定额原理

**一、单项选择题**

1. B　2. A　3. B　4. C　5. A　6. B　7. C　8. D　9. A　10. D　11. B　12. A　13. D

14. C　15. B　16. C　17. D　18. A　19. C　20. B　21. B　22. C

**二、多项选择题**

1. AC　2. ABC　3. ACD　4. BC　5. BCE　6. AD　7. ABE　8. CD　9. CE　10. BCE

**三、判断题**

1. √　2. ×（工作日写实法应改为测时法）　3. √　4. ×（操作应改为工序）　5. √

**四、思考题**

1. 所谓工时研究，是在一定的标准测定条件下，确定工人工作活动所需时间总量的一套程序和方法。其目的是要确定施工的时间标准（时间定额或产量定额）。

2. 人工费＝人工消耗量×人工工日单价；材料费＝材料消耗量×材料预算单价；机械费＝机械消耗量×机械台班单价。

3. 工人工作时间中需在定额中考虑的时间包括有效工作时间、与工艺有关的不可避免的中断时间和休息时间；通过索赔考虑的时间包括非施工方原因的与工艺无关的不可避免的中断时间、偶然工作时间和非施工本身原因的停工时间。

4. 机械工作时间中需在定额中考虑的时间包括有效工作时间、不可避免的中断时间、不可避免的无负荷时间；通过索赔考虑的时间有非施工本身原因的停工时间。

5. 计时观察法是以工时消耗为对象，通过研究生产产品过程中所消耗的定额时间，在记录下定额时间中所生产的合格产品的数量，建立起时间和产量的关系，从而得到时间定额和产量定额（消耗量标准）。

**五、分析计算题**

1. **解：**

$$工序作业时间=\frac{基本工作时间}{1-辅助时间百分比}=\frac{30}{1-6\%}=31.91\ (\text{min})$$

$$定额时间=\frac{工序作业时间}{1-规范时间百分比}=\frac{31.91}{1-12\%}=36.3\ (\text{min})$$

**答：**该工序的定额时间为36.3min。

2. 该提议合理。低速时间属于不可避免的无负荷时间，等待时间属于不可避免的中断时间，这两种时间都是可以计价的。

3. 该决定是合理的。计价最基本的前提就是合格产品，对不合格产品是不计价的。

4. 卡车司机的要求是合理的。因为卡车发生了不可避免的无负荷时间，该时间是应该计价的。

5. **解：**定额时间＝有效工作时间＋不可避免的中断时间＋休息时间

＝基本工作时间＋辅助工作时间＋准备与结束的时间＋不可避免的中断时间＋休息时间＝4＋1.25＋0.25＋0.75＝6.25h

答：该施工过程的定额时间为6.25h。

# 第3章　施　工　定　额

**一、单项选择题**

1. B　2. D　3. A　4. B　5. D　6. A　7. C　8. C　9. A　10. D　11. D　12. D　13. B　14. D　15. D　16. C　17. C（解题要点：材料消耗量即总用量）　18. D　19. C　20. B

**二、多项选择题**

1. ABE 2. ACDE 3. CDE 4. ABC 5. DE 6. ADE 7. AD 8. BD 9. ADE 10. CE

**三、判断题**

1. √ 2. √ 3. ×（周转性材料应改为非周转性材料） 4. ×（公式中回收量×回收折价率改为回收量） 5. √

**四、思考题**

1. 施工定额是施工单位计划管理的依据；施工定额是组织和指挥生产的有效工具；施工定额是计算工人劳动报酬的依据；施工定额有利于推广先进技术；施工定额是编制施工预算，加强企业成本管理的基础。

2. 在编制施工组织设计和施工作业计划中，对于有关资源量的计算需要用到施工定额；下达施工任务单和限额领料单时也需要使用施工定额；进行成本核算时也需要用到施工定额。

3. 人工和机械是通过时间来确定其定额消耗量的；材料则分成直接性材料和周转性材料两类，前者为净耗量加损耗量，后者按摊销量计算。

**五、分析计算题**

1. **解**：消耗总工日数＝3 工日

完成总产量数＝$5m^3$

时间定额＝3 工日÷$5m^3$＝0.6 工日/$m^3$

产量定额＝$5m^3$÷3 工日＝1.67 $m^3$/工日

**答**：该组工人的时间定额为 0.6 工日/$m^3$，产量定额为 1.67$m^3$/工日。

2. **解**：消耗总工日数＝(3×2×8－4)h÷8h/工日＝5.5 工日

完成总产量数＝$8m^3$

时间定额＝5.5 工日÷$8m^3$＝0.69 工日/$m^3$

产量定额＝$8m^3$÷5.5 工日＝1.45 $m^3$/工日

**答**：该组工人的时间定额为 0.69 工日/$m^3$，产量定额为 1.45 $m^3$/工日。

3. **解**：机械一次循环时间＝2×15÷60＋(15＋10＋5)÷60＝1.0h

机械纯工作 1h 正常循环次数＝1h÷1.0h/次＝1 次

载重汽车的产量定额＝1 次/h×5t/次×8h/工日×0.8＝32 t/工日

**答**：该载重汽车的产量定额为 32t/工日。

4. **解**：

$$砖净耗量=\frac{墙厚砖数\times 2}{墙厚\times(砖长+灰缝)\times(砖厚+灰缝)}$$

$$=\frac{\frac{1}{2}\times 2}{0.115\times(0.24+0.01)\times(0.053+0.01)}$$

$$=552.1\ 块$$

砂浆净耗量＝砖墙体积－砖体积

$$=1-0.24\times 0.115\times 0.053\times 552.1=0.192\ m^3$$

$$砖消耗量=砖净用量+砖损耗量$$

$$=\frac{砖净耗量}{1-损耗率}=\frac{552.1}{1-1\%}=558\text{ 块}$$

$$砂浆消耗量=\frac{砂浆净耗量}{1-损耗率}=\frac{0.192}{1-1\%}=0.194\text{ m}^3$$

答：砌筑 $1m^3$ 半砖墙定额用量砖 558 块，砂浆 $0.194m^3$。

5. 解：$$地砖净耗量=\frac{地面面积}{(地砖长+灰缝)\times(地砖宽+灰缝)}$$

$$=\frac{(27-0.24)\times(15-0.24)}{(0.6+0.002)\times(0.6+0.002)}$$

$$=1089.9\text{ 块}$$

$$地砖定额消耗量=\frac{地砖净耗量}{1-地砖损耗率}=\frac{1089.9}{1-2\%}=1112\text{ 块}$$

答：地砖定额消耗量为 1112 块。

6. 解：$$地砖净耗量=\frac{地面面积}{(地砖长+灰缝)\times(地砖宽+灰缝)}$$

$$=\frac{(27-0.24)\times(15-0.24)}{0.5\times0.5}=1579.9\text{ 块}$$

$$地砖定额消耗量=\frac{地砖净耗量}{1-地砖损耗率}=\frac{1579.9}{1-2\%}=1612\text{ 块}$$

答：地砖定额消耗量为 1612 块。

7. 解：$$一次使用量=\frac{混凝土和模板接触面积\times每平方米接触面积模板用量}{1-模板制作安装损耗率}$$

$$=\frac{100\times1.1}{1-5\%}$$

$$=115.79m^2$$

$$投入使用总量=一次使用量+一次使用量\times(周转次数-1)\times补损率$$

$$=115.79+115.79\times(8-1)\times12\%$$

$$=213.05m^2$$

$$周转使用量=投入使用总量\div周转次数=213.05\div8=26.63\text{ m}^2$$

$$回收量=一次使用量\times\left(\frac{1-补损率}{周转次数}\right)=115.79\times\frac{1-12\%}{8}=12.74m^2$$

摊销量=周转使用量－回收量=$26.63-12.74=13.89m^2$

模板单位面积摊销量=摊销量÷模板接触面积=$13.89\div100=0.139m^2/m^2$

模板单位体积摊销量=摊销量÷混凝土构件体积=$13.89\div16=0.868m^2/m^3$

答：所需模板单位面积摊销量为 $0.139m^2$，单位体积摊销量为 $0.868m^2$。

8. 解：$$一次使用量=\frac{混凝土和模板接触面积\times每平方米接触面积模板用量}{1-模板制作安装损耗率}$$

$$=\frac{100\times1.1}{1-3\%}$$

$$=113.40m^2$$

摊销量=一次使用量÷周转次数=$113.40\div50=2.268m^2$

模板单位面积摊销量＝2.268÷100＝0.023 $m^2/m^2$

模板单位体积摊销量＝摊销量÷混凝土构件体积＝2.268÷16＝0.142$m^2/m^3$

**答：**所需模板单位面积摊销量为0.023$m^2$，单位体积摊销量为0.142$m^2$。

9. **解：**扣除残值后消耗脚手架的总费用为：1000t×3000元/t×(1－5%)＝2850000元

本工程的摊销量＝$2850000\times\dfrac{400\times80\%}{2000}$＝456000元

本工程分摊的脚手架费＝456000＋20000＝476000元

**答：**本工程分摊的脚手架费为476000元。

10. **解：**消耗临时设施的总费用为：500$m^2$×2000元/$m^2$＝1000000元

本工程的摊销量＝$1000000\times\dfrac{200}{6\times365\times80\%}$＝114155.3元

本工程分摊的临时设施费＝114155.3＋5000＝119155.3元

**答：**本工程分摊的临时设施费为119155.3元。

## 第4章 建筑工程预算定额

**一、单项选择题**

1.D 2.A 3.A 4.A 5.C 6.C 7.C 8.A 9.B 10.C 11.C 12.A 13.B 14.A 15.D 16.C 17.C 18.B 19.D 20.D 21.B 22.C 23.B 24.C 25.B 26.C 27.A 28.B 29.A 30.A 31.D 32.B 33.A 34.A 35.B 36.B

**二、多项选择题**

1.AC 2.ABCD 3.CD 4.ABCE 5.ABCE 6.BCDE 7.BD 8.ABE 9.ABD 10.CE 11.AD 12.CD 13.ABCD 14.ABDE 15.BCE 16.ACDE

**三、判断题**

1.√ 2.×（人工幅度差应去除，三部分改为二部分） 3.×（100m改为150m） 4.×（机械台班一天可以算3个改为机械工作台班一天最多可以算3个，但停置台班一天只能算1个） 5.√

**四、分析计算题**

1. **解：**定额用工＝基本用工＋其他用工＝(12.5＋0.8＋1.05)×(1＋12%)＝16.072工日

**答：**该子目的预算定额人工消耗量为16.072工日。

2. **解：**机械纯工作1h正常循环次数＝3600s÷40s/次＝90次

挖土机的产量定额＝90次/h×0.3$m^3$/次×8h/台班×0.8＝172.8$m^3$/台班

挖1000$m^3$耗用的基本机械台班量＝1000÷172.8＝5.787台班

挖1000$m^3$耗用的机械台班量＝5.787×(1＋25%)＝7.23台班

**答：**该机械挖1000$m^3$的预算定额机械耗用量为7.23台班。

3. **解：**材料原价总值＝∑(各次购买量×各次购买价)＝300×240＋200×250＝122000元

材料总量＝200＋300＝500t

加权平均原价＝材料原价总值÷材料总量＝122000÷500＝244 元/t

材料运杂费＝(20×300＋15×200)÷500＝18 元/t

运输损耗费＝[300×(240＋20)×0.5%＋200×(250＋15)×0.4%)]÷500＝1.20 元/t

采保费＝(244＋18＋1.20)×2%＝5.26 元/t

水泥预算价格＝244＋18＋1.20＋5.26＝268.46 元/t

答：此水泥的预算价格为 268.46 元/t。

4. **解**：材料原价总值＝∑(各次购买量×各次购买价)

＝100×4000＋200×3800＋500×3700 ＝3010000 元

材料总量＝100＋200＋500＝800t

加权平均原价＝材料原价总值÷材料总量＝3010000÷800＝3762.5 元/t

材料运杂费＝[0.4×(100×40＋200×60＋500×80)＋10×2×800]÷800＝48 元/t

采保费＝(3762.5＋48)×2%＝76.21 元/t

水泥预算价格＝3762.5＋48＋76.21＝3886.71 元/t

**答**：此钢筋的预算价格为 3886.71 元/t。

5. **解**：停置台班量＝2 天×1 台班/(天·台) ×2 台＝4 台班

停置台班价＝机械折旧费＋人工费＋车辆使用费（查教材《建筑工程定额与清单计价》表 4－3）

＝178.09＋92.50＋0.00＝270.59 元/台班

停置机械费用＝停置台班量×停置台班价＝4×270.59＝1082.36 元

**答**：由此产生的停置机械费用为 1082.36 元。

6. 人工工日单价中包含了交通费，材料预算价格中包含了运输费，机械台班单价中包含了进退场费。不可以签证，属于重复计价。

7. 工程施工用水、电，应由建设单位在现场装置水、电表，交施工单位保管使用，施工单位按电表读数乘以预算单价付给建设单位；如无条件装表计量，由建设单位直接提供水电，在竣工结算时按定额含量乘以预算价格单价付给建设单位。生活用电按实际发生金额支付。

8. 施工方的提议是错误的。定额工料中确实不含电，因为电费是含在定额的机械费中的。

9. 签证工作台班时不可再签证管理抽水机的人员的人工费，因为机械台班单价中已经包含了该部分的人工费；停置台班价等于折旧费＋人工费＋车辆使用费，故也不可另外计算人工费。

10. **解**：换算后综合单价＝原综合单价－原 C30 混凝土价格＋现 C25 混凝土价格

＝260.62－202.09＋195.33＝253.86 元/$m^3$

**答**：换算后的综合单价为 253.86 元/$m^3$。

11. **解**：应退价的数量＝实领数量＝480t

应退价的单价＝250÷1.01－10＝237.52 元

应退价＝480×237.52＝114009.60 元

**答**：施工单位应退价 583179.10 元。

12. **解**：应退价的数量＝实领数量＝600t

应退价的单价：定额含量内单价＝250÷1.01＝247.52 元

超供部分单价＝280÷1.01＝277.23 元

施工方保留下力费：500t×10 元/t＝5000 元

应退价＝500×247.52＋100×277.23－5000＝146483.00 元

**答：**施工单位应退价 146483.00 元。

13. **解：**定额方板材量＝200(规格材)×1.0989＝219.78$m^3$＞205$m^3$

应退价的数量＝定额数量＝200$m^3$

应退价的单价＝1500÷1.01－49(加工费)＝1436.15 元

保留下力费＝215×10＝2150.00 元

应退价＝200×1436.15－2150.00＝285080.00 元

**答：**施工单位应退价 285080.00 元。

14. **解：**定额方板材量＝200(规格材)×1.0989＝219.78$m^3$＜240$m^3$

应退价的数量＝实领数量＝240÷1.0989＝218.40$m^3$

应退价的单价：定额含量内单价＝1500÷1.01－49(加工费)＝1436.15 元

超供部分单价＝1800÷1.01－49(加工费)＝1733.18 元

保留下力费＝219.78×10＝2197.80 元

应退价＝200×1436.15＋(218.40－200)×1733.18－2197.80＝316922.71 元

**答：**施工单位应退价 316922.71 元。

## 第5章 建筑工程费用定额

**一、单项选择题**

1. D 2. A 3. B 4. D 5. B 6. B 7. A 8. A 9. D 10. D 11. B 12. A 13. C 14. C 15. B 16. C 17. B 18. D 19. C 20. D 21. B 22. C 23. B 24. C 25. B 26. D 27. C 28. D 29. A 30. D 31. C 32. A 33. B

**二、多项选择题**

1. CD 2. ABC 3. BDE 4. AC 5. AC 6. ACE 7. ACD 8. BDE 9. BCD 10. DE 11. BCD 12. ABC 13. ACDE

**三、判断题**

1. √ 2. ×（单项工程改为单位工程） 3. ×（应去除装饰工程） 4. ×（200m 改为 50m） 5. ×（暂列金额改为暂估价）

**四、分析计算题**

1. 现场安全文明施工措施费中包含了建筑垃圾清理外运的内容。该施工队的说法是错误的。

2. 可以拆除。因为临时设施费内容包括的是临时设施的搭设、维修、拆除、摊销等费用，并不是一次性投入的费用。

3. 不正确。企业检验试验费中包含的是施工企业按规定进行建筑材料、构配件等试样的制作、封样、送检和其他为保证工程质量进行的材料检验试验工作所发生的费用，不含检测费用，检测费用应由甲方直接支付给检测单位。

4. 该项费用由谁承担要看责任的归属，如回弹结果混凝土合格，费用由甲方承担，反之，施工方承担。

5. 不可以，在目前的计价体系中，施工方所报的综合单价中已包含了材料单价发生变化的风险。除非出现很特殊的情况，一般情况下综合单价不得调整。

6. **解：**查定额附录三 001015 号混凝土。

C25 混凝土单价＝192.44＋0.68×(42－38)＝195.16 元/$m^3$

查 5—32 子目。

换算综合单价＝原综合单价－换出部分价格＋换入部分价格

＝260.62－202.09＋1.015×195.16－8.87＋(29.12＋6.35)×28%

＝257.68 元/$m^3$

**答：**该子目的综合单价为 257.68 元/$m^3$。

7. **解：**

| 序号 | 费用名称 | | 计算公式 |
|---|---|---|---|
| 一 | 分部分项工程费 | | 416842.56 |
| 二 | 措施项目费用 | | 14589.50 |
| | 其中 | 现场安全文明施工措施费 | 416842.56×2.2%＝9170.54 |
| | | 临时设施费 | 416842.56×1%＝4168.43 |
| | | 企业检验试验费 | 416842.56×0.2%＝833.69 |
| | | 冬雨季施工增加费 | 416842.56×0.1%＝416.84 |
| 三 | 其他项目费用 | | 0 |
| 四 | 规费 | | 19673.30 |
| | 其中 | 工程排污费 | (416842.56＋14589.50＋0) ×1%＝4314.32 |
| | | 建筑安全监督管理费 | (416842.56＋14589.50＋0) ×0.06%＝258.86 |
| | | 社会保障费 | (416842.56＋14589.50＋0) ×3%＝12942.96 |
| | | 住房公积金 | (416842.56＋14589.50＋0) ×0.5%＝2157.16 |
| 五 | 税金 | | (416842.56＋14589.50＋0＋19673.30) ×3.44%＝15518.02 |
| 六 | 工程造价 | | 466623.38 |

**答：**该工程的工程造价为 466623.38 元。

8. 不可以。冬雨季施工增加费中包含了风险费用。

9. 不可以。在综合单价中的企业管理费中包含了生产工具用具使用费。

10. 不可以。在综合单价中的企业管理费中包含了非甲方所为 4h 以内的临时停水停电费用。

11. 不同意。在措施项目费中包含了夜间施工增加费。

12. 架子工的说法正确，应该由施工单位负责办理意外伤害保险。因为在综合单价的企业管理费中包含意外伤害保险费。

13. 不合理。因为现场安全文明措施费中已包含了施工单位进行现场清理的费用。

14. 不可以。因为施工方自己分包的工程的总承包服务费由自己解决。

15. **解：**该工程的直接总用工量＝360000÷45＝8000 工日

该工程每日定额用工量＝8000÷350＝22.857 工日

该工程每日合同用工量＝8000÷320＝25 工日

每日需要增加 25－22.86＝2.143 个工日，共需增加 2.143×320＝685.76 工日

夜间施工增加费＝685.76×25＝17144 元

**答**：该工程的夜间施工增加费为 17144 元。

## 第 6 章　建筑面积工程量计算

**一、单项选择题**

1.B　2.D　3.D　4.B　5.A　6.B　7.B　8.A　9.B　10.C　11.A　12.A

**二、多项选择题**

1.AE　2.AB　3.BC　4.AE

**三、判断题**

1.×（一层改为建筑物自然层）　2.×（水平投影面积改为水平投影面积的 1/2）3.×（在建筑物顶部后面增加有围护结构几个字）　4.×（达到改为超过）　5.√

**四、分析计算题**

1. **解**：地下车库建筑面积 $S_1=600\div2=300\text{m}^2$

第 1～11 层建筑面积 $S_2=600\times11=6600\text{m}^2$

第 12 层建筑面积 $S_3=600\div2=300\text{m}^2$

室外楼梯建筑面积 $S_4=20\div2\times(12-1)=110\text{m}^2$

总建筑面积 $S=S_1+S_2+S_3+S_4=300+6600+300+110=7310\text{m}^2$

**答**：该房屋的总建筑面积为 $7310\text{m}^2$。

2. **解**：阁楼计算建筑面积的宽度$=12-2\times\dfrac{(1.3-1.2)}{1.2}\times6=11\text{m}$

阁楼全算建筑面积的宽度$=12-2\times\dfrac{(2.2-1.2)}{1.2}\times6=2\text{m}$

阁楼算一半建筑面积的宽度＝11－2＝9m

阁楼部分建筑面积 $S_1=2\times40.24+9\times40.24\div2=261.56\text{m}^2$

1～6 层建筑面积 $S_2=12.24\times40.24\times6=2955.23\text{m}^2$

总建筑面积 $S=S_1+S_2=2955.23+261.56=3216.8\text{m}^2$

**答**：该住宅的建筑面积为 $3216.8\text{m}^2$。

3. **解**：走廊的建筑面积 $S=120+120+60=300\text{m}^2$

**答**：该走廊的建筑面积为 $300\text{m}^2$。

## 第 7 章　分部分项工程费的计算

**一、单项选择题**

1.D　2.B　3.C　4.A　5.B　6.A　7.C　8.D　9.D　10.D　11.B　12.A　13.C
14.D　15.B　16.B　17.D　18.A　19.D　20.B　21.C　22.B　23.A　24.A
25.B　26.C　27.C　28.B　29.C　30.B　31.C　32.B　33.A　34.B　35.C
36.B　37.D　38.A　39.D　40.B　41.A　42.C　43.B　44.A　45.A　46.C

## 二、多项选择题

1. BE 2. BDE 3. ACE 4. AD 5. AC 6. ADE 7. ABCD 8. ABE 9. ABC

## 三、判断题

1. ×（对于砖柱后增加“基础与墙身采用同一种材料时”一段话） 2. √ 3. √
4. √ 5. ×（压顶应改为砖压顶）

## 四、分析计算题

1. **解：** 平整场地工程量 $=S_{底}+2L_{外}+16$

底层建筑面积 $S_{底}=24\times13-18\times7=186m^2$

建筑外墙外边线周长 $L_{外}=2\times(24+13)=74m$

平整场地工程量 $=186+2\times74+16=350m^2$

**答：** 该建筑物平整场地工程量为 $350m^2$。

2. **解：** 查计价表 1—197 子目，对机械费、管理费和利润进行换算

换算综合单价 $=1637.47+(0.14\times2.614\times385.89+0.18\times0.261\times438.75)\times(1+25\%+12\%)=1859.18$ 元/1000 $m^3$

合价 $=1859.18\times1.2=2231.02$ 元

**答：** 该机械挖四类土的综合单价为 1859.18 元/1000$m^3$，合价为 2231.02 元。

3. **解：**（1）列项目：人工挖地槽土（1—23）、沟槽回填土（1—104）、C10 混凝土垫层（2—120）、M5 水泥砂浆砖基础（3—1）、一砖外墙（3—29）、一砖内墙（3—33）、防水砂浆防潮层（3—42）、C20 混凝土条形基础（5—2）。

（2）工程量计算（由于挖土深度较浅，考虑不放坡，土方直接堆放在沟槽边，不运出堆放）。

1）人工挖地槽土：

工作面 $c=300mm$，不放坡

沟槽断面面积 $S=(0.96+2\times0.3)\times(1-0.45)=0.858m^2$

①、③、Ⓐ、Ⓑ轴（外墙）沟槽长度 $=(7+5)\times2=24m$

2 轴（内墙）沟槽长度 $=5-1.56=3.44m$

挖土体积 $V=(24+3.44)\times0.858=23.544m^3$

2）C10 混凝土垫层：

垫层断面面积 $=0.96\times0.1=0.096m^2$

垫层长度 $=24+(5-0.96)=28.04m$

垫层体积 $=0.096\times28.04=2.692\ m^3$

3）混凝土条形基础：

基础断面面积 $=0.76\times0.25=0.19m^2$

基础长度 $=24+(5-0.76)=28.24m$

混凝土基础体积 $=0.19\times28.24=5.366m^3$

4）M5 水泥砂浆砖基础：

基础横断面面积 $S=0.24\times(1-0.1-0.25+0.066)=0.17184m^2$

基础长度 $L=24+(5-0.24)=28.76m$

砖基础体积 $V_{基础}=SL=0.17184\times28.76=4.942\ m^3$

5）沟槽回填土：

扣除砖基础体积 $V_{扣除基础}=4.942-0.24\times0.45\times28.76=1.834m^3$

扣除室外地坪以下构件体积 $=2.692+5.366+1.834=9.892m^3$

回填土体积 $=23.544-9.892=13.652m^3$

6）防水砂浆防潮层：

$S_{防潮层}=0.24\times28.76=6.90m^2$

7）砖外墙：

外墙：$0.24\times(3.5-0.3)\times24=18.432m^3$

扣门窗：$(1.5\times1.8\times2+2.57\times1.8\times2+0.9\times2.6\times2)\times0.24=4.640m^3$

合计：$18.432-4.640=13.792m^3$

8）砖内墙：

内墙：$0.24\times2.7\times(5-0.24)=3.084m^3$

（3）套定额，见下表。

| 序号 | 定额编号 | 项目名称 | 计量单位 | 工程量 | 综合单价（元） | 合价（元） |
|---|---|---|---|---|---|---|
| 1 | 1—23 | 人工挖地槽三类干土 1.5m | $m^3$ | 23.54 | 14.80 | 348.39 |
| 2 | 1—104 | 沟槽回填土 | $m^3$ | 13.65 | 10.70 | 146.06 |
| 3 | 2—120 | C10 混凝土垫层 | $m^3$ | 2.69 | 206.00 | 554.14 |
| 4 | 3—1 | M5 水泥砂浆砖基础 | $m^3$ | 4.94 | 185.80 | 917.85 |
| 5 | 3—29 | 一砖外墙 | $m^3$ | 13.79 | 197.70 | 2726.28 |
| 6 | 3—33 | 一砖内墙 | $m^3$ | 3.08 | 192.69 | 593.49 |
| 7 | 3—42 | 防水砂浆防潮层 | $10m^2$ | 0.69 | 80.68 | 55.67 |
| 8 | 5—2 | 无梁式 C20 混凝土条形基础 | $m^3$ | 5.37 | 222.38 | 1194.18 |
| 合计 | | | | | | 6536.06 |

4. **分析**：静力压桩 12m 内的接桩按接桩定额执行，12m 以上的接桩其人工及打桩机械已包括在相应打桩项目内，因此，12m 以上桩接桩只计接桩的材料费和电焊机的费用。

**解**：（1）列项目：打预制桩（2—14）、接桩（2—28）、送桩（2—18）。

（2）工程量计算：

打桩工程量：$V=0.45\times0.45\times15\times120=364.5m^3$

接桩工程量：接头数量 $=2\times120=240$ 个

送桩工程量：$V'=0.45\times0.45\times(2.8-0.45+0.5)\times120=69.26m^3$

（3）套定额，见下表。

| 序号 | 定额编号 | 项目名称 | 计量单位 | 工程量 | 综合单价（元） | 合价（元） |
|---|---|---|---|---|---|---|
| 1 | 2—14 | 打预制混凝土方桩桩长 18m 以内 | $m^3$ | 364.5 | 177.69 | 64768.01 |
| 2 | 2—28 换 | 胶泥接桩 | 个 | 240 | 35.43 | 8503.20 |
| 3 | 2—18 | 送预制混凝土方桩桩长 18m 以内 | $m^3$ | 69.26 | 143.51 | 9939.50 |
| 合计 | | | | | | 83210.71 |

**注** 2—28 换：$28.54-25.94+\frac{450\times450}{400\times400}\times3.96\times6.55=35.43$ 元/个（胶泥换算）。

**答**：打桩工程的合价共计83210.71元。

5. **解**：(1) 列项目：打现浇桩（2—50）、预制桩尖（补）。

(2) 计算工程量：

打桩工程量$=n\pi r^2 h=40\times 3.14\times 0.213^2\times(18+0.25)=103.99m^3$

预制桩尖工程量＝40个

(3) 套定额，见下表。

| 序号 | 定额编号 | 项目名称 | 计量单位 | 工程量 | 综合单价（元） | 合价（元） |
|---|---|---|---|---|---|---|
| 1 | 2—50换 | 打震动沉管灌注桩15m以上 | $m^3$ | 103.99 | 382.52 | 39778.25 |
| 2 | 补 | 预制桩尖 | 个 | 40 | 30 | 1200 |
| 合计 | | | | | | 40978.25 |

注　2—50换：$365.40-248.03+\frac{136}{103.99}\times 203.64-1.17=382.52$元/$m^3$（充盈系数、桩尖换算）。

**答**：打桩工程的合价共计40978.25元。

6. 某打桩工程如图7-6，设计震动沉管灌注混凝土桩20根，复打二次，桩径$\phi$450（桩管外径$\phi$426）桩设计长度18m，预制混凝土桩尖，其余不计，现计算打桩的综合单价及合价。

**解**：(1) 列项目：单打现浇桩（2—50）、复打现浇桩（2—50）、空沉管（2—50）、预制桩尖（补）。

(2) 计算工程量：

单打工程量$V_1=n\pi r^2 h=20\times 3.14\times 0.213^2\times(15+2.4-0.45)\times 20=48.29m^3$

复打工程量$V_2=20\times 3.14\times 0.213^2\times(15+0.25)=43.45m^3$

空沉管工程量$V_3=20\times 3.14\times 0.213^2\times(2.4-0.45-0.25)=4.84m^3$

预制桩尖工程量＝2×20＝40个

(3) 套定额，见下表。

| 序号 | 定额编号 | 项目名称 | 计量单位 | 工程量 | 综合单价（元） | 合价（元） |
|---|---|---|---|---|---|---|
| 1 | 2—49换 | 打震动沉管灌注桩15m以内 | $m^3$ | 48.29 | 385.94 | 18637.04 |
| 2 | 2—49换 | 复打沉管灌注桩15m以内 | $m^3$ | 43.45 | 335.81 | 14590.94 |
| 3 | 2—49换 | 空沉管 | $m^3$ | 4.84 | 90.34 | 437.25 |
| 4 | 补 | 预制桩尖 | 个 | 40 | 30 | 1200 |
| 合计 | | | | | | 34865.23 |

注　1. 2—49换单打：$387.11-1.17=385.94$元/$m^3$。

2. 2—49换复打：$387.11-248.03+1.015\times 203.64-0.07\times(37.92+65.07)\times(1+14\%+8\%)-1.17=335.81$元/$m^3$（按桩73页附注换算）。

3. 2—49换空沉管：$387.11-248.03-7.51-7.68-0.7\times 37.92\times(1+14\%+8\%)-1.17=90.34$元/$m^3$（按桩73页附注换算）。

**答**：打桩工程的合价共计34865.23元。

7. **解**：(1) 列项目：$\phi$12以内现浇普通钢筋（4—1）、$\Phi$25以内现浇普通钢筋（4—2）。

(2) 计算工程量，见下表。

| 序号 | 钢筋型号 | 容重（kg/m） | 长　度（m） | 数量 | 总重（kg） |
|---|---|---|---|---|---|
| 1 | Φ20 | 2.466 | 5.0+2×30×0.02=6.2 | 2 | 30.58 |
| 2 | Φ22 | 2.984 | 5.0+2×30×0.022+2×0.414×0.45=6.6926 | 1 | 19.97 |
| 小计 | | | | | 50.55 |
| 1 | ϕ12 | 0.888 | 5.0+2×30×0.012=5.72 | 2 | 10.16 |
| 2 | ϕ6 | 0.222 | 5.0 | 2 | 2.22 |
| 3 | ϕ6 | 0.222 | (0.25−2×0.025+2×0.006)×2+(0.5−2×0.025+2×0.006)×2+24×0.006=1.492 | 38 | 12.59 |
| 4 | ϕ6 | 0.222 | 0.25+0.125×2−2×0.025+2×0.006+2×0.05=0.562 | 26 | 3.24 |
| 小计 | | | | | 28.21 |

**注**　加密区箍筋根数=1150÷100+1=12.5，取为13根；非加密区箍筋根数=(2600−2×200)÷200+1=12根；合计2×13+12=38根。

**答：**ϕ12以内现浇普通钢筋28.21kg，Φ25以内现浇普通钢筋50.55kg。

8. **解：**计算工程量，见下表。

| 序号 | 钢筋型号 | 容重（kg/m） | 长度（m） | 数量 | 总重（kg） |
|---|---|---|---|---|---|
| 1 | ①、⑨支座ϕ8 | 0.395 | 1.2+27×0.008+0.085=1.501 | 2×[4.46÷0.2+1]=48 | 28.5 |
| 2 | ③～⑦支座ϕ8 | 0.395 | 2×0.85+0.24+2×0.085=2.11 | 3×[4.46÷0.125+1]=111 | 92.5 |
| 3 | Ⓐ、Ⓑ支座ϕ8 | 0.395 | 1.501 | 2×3×[3.06÷0.2+1]+2×[3.56÷0.2+1]=140 | 83.0 |
| 4 | 横向下部ϕ8 | 0.395 | 4.8+2×6.25×0.008=4.9 | 3×[3.06÷0.2+1]+[3.56÷0.2+1]=70 | 135.5 |
| 5 | 纵向下部ϕ8 | 0.395 | 3×3.4+3.9+2×6.25×0.008=14.2 | [4.8−0.24−0.1÷0.15]+1=31 | 173.9 |
| 6 | 纵向分布筋ϕ6 | 0.222 | 2×(3×1.11+1.51+8×38×0.006)=13.328 | [1.2÷0.20+1]=7 | 20.7 |
| 7 | 横向分布筋ϕ6 | 0.222 | 2.16+2×38×0.006=2.616 | 36 | 20.9 |
| 8 | 悬挑下部纵向ϕ6 | 0.222 | 3×3.4+3.9+2×6.25×0.006=14.175 | [(1.5−0.24−0.1)÷0.25+1]=6 | 18.9 |
| 9 | 悬挑下部横向ϕ6 | 0.222 | 1.5−0.12+2×6.25×0.006=1.455 | 70 | 22.6 |
| 10 | 1号支座筋ϕ6 | 0.222 | 0.45+27×0.006=0.612 | 70×2+7×2=154 | 20.9 |
| 11 | 2号支座筋ϕ8 | 0.222 | 1.2+0.24+2×0.085=1.61 | [(1.5−0.24−0.1)÷0.15+1]=9×3=27 | 9.7 |
| 12 | 纵向分布筋ϕ6 | 0.222 | 2.11×3+2.61=8.94 | 2×[(0.45+0.12−0.015)÷0.2+1]=8 | 15.9 |
| 13 | 横向分布筋ϕ6 | 0.222 | 1.6−0.12−0.45×2+2×38×0.006=1.036 | 4×2×3=24 | 5.5 |
| 小计 | | | | | 649 |

**注**　表中［］为取整符号。

**答：**板中的钢筋合计 649kg。

9. **解：**（1）列项目：混凝土垫层（2—120）、独立柱基（5—7）、矩形柱（5—13）、$\phi$12 以内基础钢筋（4—1）、Φ25 以内基础钢筋（4—2）、$\phi$12 以内柱钢筋（4—1）、Φ25 以内柱钢筋（4—2）。

（2）计算工程量：

混凝土垫层：$4.7\times3.8\times0.1=1.79\ m^3$

独立柱基：$4.5\times3.6\times0.3+0.3\div6\times(4.5\times3.6+0.6\times0.5+5.1\times4.1)=6.73m^3$

矩形柱：$0.5\times0.4\times(4.5+1.3)=1.16m^3$

基础钢筋 $\phi$12 内：$6.73\times0.012=0.081t$

基础钢筋 $\phi$12 外：$6.73\times0.028=0.188t$

柱钢筋 $\phi$12 内：$1.16\times0.05=0.058t$

柱钢筋 $\phi$12 外：$1.16\times0.116=0.135t$

（3）套定额，见下表。

| 序号 | 定额编号 | 项 目 名 称 | 计量单位 | 工程量 | 综合单价（元） | 合价（元） |
|---|---|---|---|---|---|---|
| 1 | 2—120 | C10 混凝土垫层 | $m^3$ | 1.79 | 206.00 | 368.74 |
| 2 | 5—7 换 | C30 独立柱基 | $m^3$ | 6.73 | 240.39 | 1617.82 |
| 3 | 5—13 | C30 矩形柱 | $m^3$ | 1.16 | 277.28 | 321.64 |
| 4 | 4—1 | 基础钢筋 $\phi$12 内 | t | 0.081 | 3421.48 | 277.14 |
| 5 | 4—2 | 基础钢筋 $\phi$12 外 | t | 0.188 | 3241.82 | 609.46 |
| 6 | 4—1 换 | 柱钢筋 $\phi$12 内 | t | 0.058 | 3435.06 | 199.23 |
| 7 | 4—2 换 | 柱钢筋 $\phi$12 外 | t | 0.135 | 3248.65 | 438.57 |
| 合计 | | | | | | 3832.60 |

**注** 1. 5—7 换：220.94－170.58＋190.03＝240.39 元/$m^3$。

2. 4—1 换：3421.48＋0.03×330.46×1.37＝3435.06 元/t。

3. 4—2 换：3241.82＋0.03×166.14×1.37＝3248.65 元/t。

**答：**该独立外柱及基础、垫层的合价共计 3832.60 元。

10. **解：**（1）列项目：现浇矩形柱（5—13）、现浇有梁板（5—32）。

（2）计算工程量：

现浇柱：$6\times0.45\times0.45\times(9.0+1.85-0.4-0.4-2\times0.1)=11.97m^3$

现浇有梁板：KL－1：$3\times0.35\times(0.5-0.1)\times(6-0.45)=2.331m^3$

KL－2：$4\times0.35\times0.4\times(5.0-0.45)=2.548m^3$

B：$(6+0.45)\times(10+0.45)\times0.1=6.740m^3$

小计：$(2.331+2.548+6.740)\times2$(层)$=23.24m^3$

（3）套定额，见下表。

| 序号 | 定额编号 | 项 目 名 称 | 计量单位 | 工程量 | 综合单价（元） | 合价（元） |
|---|---|---|---|---|---|---|
| 1 | 5—13 | C30 矩形柱 | $m^3$ | 11.97 | 277.28 | 3319.04 |
| 2 | 5—32 | C30 有梁板 | $m^3$ | 23.24 | 260.62 | 6056.81 |
| 合计 | | | | | | 9375.85 |

**答：**现浇柱体积 11.97$m^3$，现浇有梁板体积 23.24$m^3$，柱、梁、板部分的合价共计

9375.85 元。

11. **解**：(1) 列项目：打桩（2—2）、制作桩（5—52）、预制桩场外运输 5km（7—2）。

(2) 计算工程量：$100m^3$。

(3) 套定额，见下表。

| 序号 | 定额编号 | 项 目 名 称 | 计量单位 | 工程量 | 综合单价（元） | 合价（元） |
|---|---|---|---|---|---|---|
| 1 | 2—2 | 打方桩桩长 18m 内 | $m^3$ | 100 | 157.57 | 15757.00 |
| 2 | 5—52 换 | 加工厂预制桩 | $m^3$ | 100 | 267.31 | 26731.00 |
| 3 | 7—2 | Ⅰ类预制构件运输 5km 内 | $m^3$ | 100 | 107.39 | 10739.00 |
| 合计 | | | | | | 53227.00 |

**注** 5—52 换：261.36－195.76＋198.73×1.015＝267.31 元/$m^3$。

**答**：该打桩工程共计 53227.00 元。

12. **解**：(1) 列项目：金属构件场外运输（7—28）、钢屋架拼装（7—120）、钢屋架安装（7—124）。

(2) 计算工程量：安装、拼装运输工程量 2.5×10＝25.00t。

(3) 套定额，见下表。

| 序号 | 定额编号 | 项 目 名 称 | 计量单位 | 工程量 | 综合单价（元） | 合价（元） |
|---|---|---|---|---|---|---|
| 1 | 7—28 | Ⅰ类金属构件运输 15km 内 | t | 25 | 96.24 | 2406.00 |
| 2 | 7—120 | 钢屋架拼装 | t | 25 | 298.55 | 7463.75 |
| 3 | 7—124 换 | 钢屋架安装 | t | 25 | 377.69 | 9442.25 |
| 合计 | | | | | | 19312.00 |

**注** 7—124 换：341.70＋(68.12＋77.82)×18%×(1＋25%＋12%)＝377.69 元/t。

**答**：该钢屋架运输、安装工程合计 19312.00 元。

13. **解**：(1) 列项目：有梁板（5—32）、防水砂浆找平层（9—70－9—71）、水泥砂浆挂瓦条（9—5）、铺水泥瓦（9—7）、铺水泥脊瓦（9—8）。

(2) 计算工程量：

铺水泥瓦、水泥砂浆挂瓦条、防水砂浆找平层工程量：12.84×6.24×1.118＝89.58$m^2$

脊瓦工程量：4×3.12×1.50＋6.6＝25.32m

有梁板工程量：89.58×0.1＝8.96 $m^3$

(3) 套定额，见下表。

| 序号 | 定额编号 | 项目名称 | 计量单位 | 工程量 | 综合单价（元） | 合价（元） |
|---|---|---|---|---|---|---|
| 1 | 5—32 换 | C20 有梁板 | $m^3$ | 8.96 | 239.80 | 2148.61 |
| 2 | 9—70 换－9—71 换 | 20mm 防水砂浆 | $10m^2$ | 8.958 | 93.67 | 839.10 |
| 3 | 9—5 | 水泥砂浆挂瓦条 | $10m^2$ | 8.958 | 24.25 | 217.23 |
| 4 | 9—7 | 1∶2.5 水泥砂浆铺水泥瓦 | $10m^2$ | 8.958 | 373.69 | 3347.52 |
| 5 | 9—8 | 铺水泥脊瓦 | 10m | 2.532 | 218.14 | 552.33 |
| 合计 | | | | | | 7104.79 |

**注** 1. 5—32 换：260.62－202.09＋180.07＋29.12×0.03×1.37＝239.80 元/$m^3$。

2. 9—70 换：115.68－64.45＋0.253×236.50＝111.06 元/$10m^2$。

3. 9—71 换：18.32－12.99＋0.051×236.50＝17.39 元/$10m^2$。

4. 9—70 换－9—71 换：93.67 元/$10m^2$。

**答**：该屋面工程合计 7104.79 元。

14. **解**：(1) 列项目：椽子及挂瓦条（8—52）。

(2) 计算工程量：1000m$^2$。

(3) 套定额，见下表。

| 序号 | 定额编号 | 项 目 名 称 | 计量单位 | 工程量 | 综合单价（元） | 合价（元） |
|---|---|---|---|---|---|---|
| 1 | 8—52 换 | 檩木上钉椽子及挂瓦条 | 10m$^2$ | 100 | 216.27 | 21627.00 |
| 合计 | | | | | | 21627.00 |

注 1. 方木椽子断面换算 40×50：0.059＝43×60：$x$，$x$＝0.07611。

2. 挂瓦条断面换算 25×20：0.019＝30×40：$y$，$y$＝0.0456。

3. 换算后普通成材用量 0.07611＋0.0456＝0.12171。

4. 8—52 换：142.10＋0.12×26×(1＋25%＋12%)＋(0.12171－0.078)×1599＝216.27 元/10m$^2$。

**答**：该屋面木基层工程合计 21627.00 元。

15. **解**：(1) 列项目：整层超高费（18—1）、层高超高费（18—1）、每米增高超高费（18—1）。

(2) 计算工程量：1500m$^2$。

(3) 套定额，见下表。

| 序号 | 定额编号 | 项 目 名 称 | 计量单位 | 工程量 | 综合单价（元） | 合价（元） |
|---|---|---|---|---|---|---|
| 1 | 18—1 | 建筑物高度 20～30m 以内超高 | m$^2$ | 1500 | 13.41 | 20115.00 |
| 2 | 18—1 换×0.6 | 每增高 1m | m$^2$ | 1500 | 1.61 | 2415.00 |
| 3 | 18—1 换×2.5 | 每增高 1m | m$^2$ | 1500 | 6.71 | 10065.00 |
| 合计 | | | | | | 32595.00 |

注 18—1 换：13.41×0.2＝2.682 元/m$^2$。

**答**：该建筑的超高费合计 32595.00 元。

## 第 8 章 装饰工程费用的计算

### 一、单项选择题

1. D 2. C 3. C 4. A 5. C 6. B 7. B 8. D 9. B 10. B 11. A 12. A

### 二、多项选择题

1. BCD 2. ABC 3. AB 4. CD 5. ABC 6. ACD

### 三、判断题

1. ×（500mm 改为 300mm） 2. ×（应改为：整体面层楼梯按水平投影面积，块料面层楼梯按平面展开面积计算） 3. √ 4. ×（应改为：外墙外表面按外墙面抹灰，外墙内表面按内墙面抹灰子目执行） 5. √ 6. ×（水平投影面积应改为展开面积） 7. ×（净料改为毛料） 8. √

### 四、分析计算题

1. **解**：(1) 列项目：挖回填土（1—1）、人工运回填土（1—92＋1—95×2）、夯填地面土（1—102）、碎石垫层（12—9）、混凝土垫层（12—11）、水泥砂浆面层（12—22）、水泥砂浆踢脚线（12—27）、台阶原土打底夯（1—99）、台阶碎石垫层（12—9）、混凝土台阶（5—51）、台阶面层（12—25）、混凝土散水（12—172）。

（2）计算工程量：

水泥砂浆地面 $S=(30-0.24)\times(15-0.24)+0.6\times1.8=440.34m^2$

挖回填土、人工运回填土、夯填地面土 $V_1=S\times(0.30-0.1-0.08-0.02)=44.034m^3$

碎石垫层 $V_2=S\times0.1=44.034m^3$

混凝土垫层 $V_3=S\times0.08=35.23m^3$

水泥砂浆踢脚线：$(30-0.24-0.12)\times2+(15-0.24)\times4=118.32m$

台阶地面原土打底夯、混凝土台阶、台阶粉面：$1.8\times0.9=1.62m^2$

台阶碎石垫层：$1.62\times0.1=0.16m^3$（小数点后保留两位有效数字）

混凝土散水：$0.6\times[(30.24+0.6+15.24+0.6)\times2-1.8]=54.94m^2$

（3）套定额，见下表。

| 序号 | 定额编号 | 项目名称 | 计量单位 | 工程量 | 综合单价（元） | 合价（元） |
|---|---|---|---|---|---|---|
| 1 | 1—1 | 人工挖一类回填土 | $m^3$ | 44.03 | 3.95 | 173.52 |
| 2 | 1—92+1—95×2 | 人工运土 150m 以内 | $m^3$ | 44.03 | 8.61 | 379.10 |
| 3 | 1—102 | 夯填地面土 | $m^3$ | 44.03 | 9.44 | 415.64 |
| 4 | 12—9 | 碎石垫层 | $m^3$ | 44.03 | 82.53 | 3633.80 |
| 5 | 12—11 换 | C15 混凝土垫层 | $m^3$ | 35.23 | 215.79 | 7602.28 |
| 6 | 12—22 | 水泥砂浆地面厚 20mm | $10m^2$ | 44.034 | 80.63 | 3550.46 |
| 7 | 12—27 | 水泥砂浆踢脚线 120mm | 10m | 11.832 | 25.07 | 296.63 |
| 8 | 1—99 | 台阶地面原土打底夯 | $10m^2$ | 0.162 | 4.65 | 0.75 |
| 9 | 12—9 | 台阶碎石垫层 | $m^3$ | 0.16 | 82.53 | 13.20 |
| 10 | 5—51 换 | C15 混凝土台阶 | $10m^2$ | 0.162 | 379.18 | 61.43 |
| 11 | 12—25 | 台阶粉面 | $10m^2$ | 0.162 | 180.19 | 29.19 |
| 12 | 12—172 | C15 混凝土散水 | $10m^2$ | 5.494 | 276.50 | 1519.09 |
| 合计 | | | | | | 17675.49 |

注 1. 5—51 换：$410.92-289.18+1.63\times157.94=379.18$ 元/$10m^2$。

2. 12—11 换：$213.08-156.81+159.52=215.79$ 元/$10m^3$。

**答**：该地面部分工程的合价为 17675.49 元。

2. **解**：（1）列项目：地面贴地砖（12—94）、地面弧形贴面（12—94）、弧长增加（补）、台阶贴地砖（12—101）、同质砖踢脚线（12—102）、地面酸洗打蜡（12—121）、台阶酸洗打蜡（12—122）。

（2）计算工程量：

地面同质砖：$(30-0.24-0.12)\times(15-0.24)-1\times1-0.5\times0.5+1.2\times0.12+1.2\times0.24+1.8\times0.6=437.75m^2$

地面弧形贴面：$1\times1-3.1416\times0.5^2=0.21m^2$

弧长增加：$3.1416\times2\times0.5=3.14m$

台阶同质砖、酸洗打蜡：$1.8\times(3\times0.3+3\times0.15)=2.43m^2$

踢脚线：(30－0.24－0.12)×2＋(15－0.24)×4－3×1.2＋2×0.12＋2×0.24＝115.44m

地面酸洗打蜡：437.75＋0.21＝437.96m²

(3) 套定额，见下表。

| 序号 | 定额编号 | 项 目 名 称 | 计量单位 | 工程量 | 综合单价（元） | 合价（元） |
|---|---|---|---|---|---|---|
| 1 | 12—94 换 1 | 地面 500mm×500mm 镜面同质砖 | 10m² | 43.775 | 1211.90 | 53050.92 |
| 2 | 12—94 换 2 | 地面弧形贴面 | 10m² | 0.021 | 1291.51 | 27.12 |
| 3 | 补 | 弧长增加 | 10m | 0.314 | 11.51 | 3.61 |
| 4 | 12—101 换 | 台阶同质地砖 | 10m² | 0.243 | 1333.22 | 323.97 |
| 5 | 12—102 换 | 同质砖踢脚线 120mm | 10m | 11.544 | 201.41 | 2325.08 |
| 6 | 12—121 | 地面酸洗打蜡 | 10m² | 43.796 | 22.73 | 995.48 |
| 7 | 12—122 | 台阶酸洗打蜡 | 10m² | 0.243 | 31.09 | 7.55 |
| 合计 | | | | | | 56733.73 |

注 1. 12—94 换 1：414.98－218.08＋29×35＝1211.90 元/10m²。

2. 12—94 换 2：414.98－218.08＋29÷1.02×1.1×35＝1291.51 元/10m²。

3. 补：0.3×28×1.37＝11.51 元/10m。

4. 12—101 换：584.42－274.95＋(0.3×0.3)÷(0.6×0.6)×117×35＝1333.22 元/10m²。

5. 12—102 换：92.61－39.95＋0.3²÷0.6²×17×35＝201.41 元/10m。

**答**：该地面部分工程的合价为 56733.73 元。

3. **解**： (1) 列项目：内墙面抹灰（13—31）、柱面抹灰（13—28）、外墙面抹灰（13—11）、外墙玻璃条嵌缝（13—69）。

(2) 计算工程量：

外墙内表面抹混合砂浆：[(30－0.24)×2＋(15－0.24)×4]×2.8－1.2×1.5×8－1.2×2×2＝312.77m²

柱面抹水泥砂浆：3.1416×2×2.8＝17.59m²

外墙外表面抹水泥砂浆：(30.24＋15.24)×2×3.1－1.2×1.5×8－1.2×2＋2×(1.2＋1.5)×0.24×8＋(1.2＋2×2)×0.24＝276.79m²

墙面嵌缝：(30.24＋15.24)×2×3.1＝281.98m²

(3) 套定额，见下表。

| 序号 | 定额编号 | 项 目 名 称 | 计量单位 | 工程量 | 综合单价（元） | 合价（元） |
|---|---|---|---|---|---|---|
| 1 | 13—31 | 外墙内表面抹混合砂浆 | 10m² | 31.277 | 87.06 | 2722.98 |
| 2 | 13—28 | 柱面抹水泥砂浆 | 10m² | 1.759 | 152.18 | 267.68 |
| 3 | 13—11 | 外墙外表面抹水泥砂浆 | 10m² | 27.679 | 111.19 | 3077.63 |
| 4 | 13—69 | 外墙抹灰面玻璃条嵌缝 | 10m² | 28.198 | 21.68 | 611.33 |
| 合计 | | | | | | 6679.62 |

**答**：该墙面工程的合价为 6679.62 元。

4. **解**：(1) 列项目：吊筋 1（14—42）、吊筋 2（14—42）、吊筋 3（14—42）、吊筋 4（14—42）、轻钢龙骨（14—10）、纸面石膏板（14—55）、超高增加费 1（18—19）、超高增

加费 2（18—20）。

（2）计算工程量：

吊筋 1：(30－0.24－12)×(10－0.24－6)＝66.78$m^2$

吊筋 2：(30－0.24)×(10－0.24)－66.78＝223.68$m^2$

吊筋 3：66.78×2＝133.56$m^2$

吊筋 4：223.68×2＝447.36$m^2$

轻钢龙骨：(30－0.24)×(10－0.24)×3＝871.38$m^2$

纸面石膏板：871.38＋0.5×(30－12.24＋10－6.24)×2×3＝935.94$m^2$

超高增加费 1：290.46$m^2$

超高增加费 2：290.46×2＝580.92$m^2$

（3）套定额，见下表。

| 序号 | 定额编号 | 项 目 名 称 | 计量单位 | 工程量 | 综合单价（元） | 合价（元） |
|---|---|---|---|---|---|---|
| 1 | 14—42 换 1 | 吊筋 $h$＝1.4m | 10$m^2$ | 6.678 | 61.05 | 407.69 |
| 2 | 14—42 换 2 | 吊筋 $h$＝1.9m | 10$m^2$ | 22.368 | 68.39 | 1529.75 |
| 3 | 14—42 换 3 | 吊筋 $h$＝0.6m | 10$m^2$ | 13.356 | 49.32 | 658.72 |
| 4 | 14—42 换 4 | 吊筋 $h$＝1.1m | 10$m^2$ | 44.736 | 56.65 | 2534.29 |
| 5 | 14—10 换 | 不上人轻钢龙骨 500mm×500mm | 10$m^2$ | 87.138 | 384.70 | 33521.99 |
| 6 | 14—55 换 | 纸面石膏板 | 10$m^2$ | 93.594 | 233.61 | 21864.49 |
| 7 | 18—19 | 10 层超高增加费 | 10$m^2$ | 29.046 | 8.40 | 243.99 |
| 8 | 18—20 | 11～12 层超高增加费 | 10$m^2$ | 58.092 | 12.59 | 731.38 |
| 合计 | | | | | | 61492.30 |

**注** 1. 14—42 换 1：53.09＋0.102×4×13×0.395×2.80＋10.48×0.20＝61.05 元/10$m^2$。

2. 14—42 换 2：53.09＋0.102×9×13×0.395×2.80＋10.48×0.20＝68.39 元/10$m^2$。

3. 14—42 换 3：53.09－0.102×4×13×0.395×2.80＋10.48×(42%－25%＋15%－12%)＝49.32 元/10$m^2$。

4. 14—42 换 4：53.09＋0.102×1×13×0.395×2.80＋10.48×0.20＝56.65 元/10$m^2$。

5. 14—10 换：370.97＋(65.24＋3.40)×(42%－25%＋15%－12%)＝384.70 元/10$m^2$。

6. 14—55 换：225.27＋41.72×(42%－25%＋15%－12%)＝233.61 元/10$m^2$。

7. 18—19：(65.24＋41.72)×5%×(1＋42%＋15%)＝8.40。

8. 18—20：(65.24＋41.72)×7.5%×1.57＝12.59。

**答**：该吊顶工程的合价为 61492.30 元。

5. **解**：（1）列项目：门框制作（15—244）、门扇制作（15—245）、门框安装（15—246）、门扇安装（15—247）、一般五金件（15—377）、门锁（15—346）、聚氨酯漆三遍（16—101）。

（2）计算工程量：

门框制作安装、门扇制作安装：0.9×2.7×16＝38.88$m^2$

五金配件、球形锁：16 樘（把）

聚氨酯漆三遍：38.88×0.96＝37.32$m^2$

（3）套定额，见下表。

| 序号 | 定额编号 | 项 目 名 称 | 计量单位 | 工程量 | 综合单价（元） | 合价（元） |
|---|---|---|---|---|---|---|
| 1 | 15—244 换 | 门框制作 | $10m^2$ | 3.888 | 509.30 | 1980.16 |
| 2 | 15—245 | 门扇制作 | $10m^2$ | 3.888 | 629.86 | 2448.90 |
| 3 | 15—246 | 门框安装 | $10m^2$ | 3.888 | 26.87 | 104.47 |
| 4 | 15—247 | 门扇安装 | $10m^2$ | 3.888 | 116.72 | 453.81 |
| 5 | 15—377 | 五金配件 | 樘 | 16 | 11.31 | 180.96 |
| 6 | 15—346 | 球形执手锁 | 把 | 16 | 39.77 | 636.32 |
| 7 | 16—101 | 聚氨酯漆三遍 | $10m^2$ | 3.732 | 292.86 | 1092.95 |
| 合计 | | | | | | 6897.57 |

**注**　15—244 换：387.08－283.02＋(63×125)÷(55×100)×0.177×1599＝509.30 元/$10m^2$。

答：该吊顶工程的合价为 6897.57 元。

# 第 9 章　措施项目费用的计算

## 一、单项选择题

1. B　2. A　3. B　4. A　5. B　6. B　7. B　8. B　9. A　10. C

11. B　12. C　13. B　14. C　15. C　16. B

## 二、多项选择题

1. CD　2. ADE　3. ABC　4. ABE

## 三、判断题

1. ×（3.6m 应改为 1.5m）　2. ×（3.6m 以上抹灰脚手架改为满堂脚手架）　3. ×（与抹灰合并改为另行）　4. ×（1.50m 改为 3.60m）　5. √　6. √　7. ×（可再直接套用安装用电梯井脚手架改为套用安装用电梯井脚手架时应扣除定额中的人工及机械）　8. ×（室内地面改为室外地面）　9. ×（不做调整改为可按比例调整定额含量）　10. √

## 四、分析计算题

1. **解**：(1) 列项目：砌墙外架子（19—2）、砌墙里架子（19—1）、3.6m 以内抹灰脚手架（19—10）。

(2) 计算工程量：

外墙脚手架：(7.24＋5.24)×2×(3.5＋0.45)＝98.59$m^2$

内墙脚手架：(5－0.24)×2.7＝12.85$m^2$

内墙粉刷脚手架（包括外墙内部粉刷）：[(7－0.24－0.24)×2＋(5－0.24)×4]×2.9＝93.03$m^2$

天棚粉刷脚手架：(7－0.24－0.24)×(5－0.24)＝31.04$m^2$

3.60m 以内抹灰脚手架：93.03＋31.04＝124.07$m^2$

(3) 套定额，见下表。

| 序号 | 定额编号 | 项 目 名 称 | 计量单位 | 工程量 | 综合单价（元） | 合价（元） |
|---|---|---|---|---|---|---|
| 1 | 19—2 | 砌筑外墙脚手架 | $10m^2$ | 9.859 | 65.26 | 643.40 |
| 2 | 19—1 | 砌筑内墙脚手架 | $10m^2$ | 1.285 | 6.88 | 8.84 |
| 3 | 19—10 | 3.6m 以内抹灰脚手架 | $10m^2$ | 12.407 | 2.05 | 25.43 |
| 合计 | | | | | | 677.67 |

**答**：该脚手架工程的合价为 677.67 元。

2. **分析**：计算了外墙砌筑脚手架就包含了外墙外侧的一面抹灰脚手架在内。满堂脚手架基本层 8m 以内，$(8.9-8)\div2=0.45m<0.6m$，不计增加层。

**解**：（1）列项目：满堂脚手架（19—8）。

（2）计算工程量：$(7-0.24-0.24)\times(5-0.24)=31.04m^2$

（3）套定额，见下表。

| 序号 | 定额编号 | 项 目 名 称 | 计量单位 | 工程量 | 综合单价（元） | 合价（元） |
|---|---|---|---|---|---|---|
| 1 | 19—8 | 满堂脚手架高 8m 以内 | $10m^2$ | 3.104 | 79.12 | 245.59 |
| 合计 | | | | | | 245.59 |

**答**：该粉刷工程的脚手架合价为 245.59 元。

3. **分析**：该独立基础从室外地坪到垫层上表面的深度为 $1.9-0.3=1.60m>1.50m$，独立基础的底面积为 $4.5\times3.6=16.2m^2>16m^2$，应计算基础混凝土浇捣脚手架；该独立柱柱高 $4.58+0.3=4.88m>3.60m$，需计算独立柱混凝土浇捣增加脚手费。

**解**：（1）列项目：基础混凝土浇捣脚手架（19—7）、独立柱混凝土浇捣脚手架（19—13）。

（2）计算工程量：

基础混凝土脚手架$=(4.5+0.2+2\times0.3)\times(3.6+0.2+2\times0.3)=23.32m^2$

独立柱混凝土浇捣脚手架$=(0.9\times2+3.6)\times4.88=26.35m^2$

（3）套定额，见下表。

| 序号 | 定额编号 | 项 目 名 称 | 计量单位 | 工程量 | 综合单价（元） | 合价（元） |
|---|---|---|---|---|---|---|
| 1 | 19—7 换 | 基础混凝土浇捣脚手架 | $10m^2$ | 2.332 | 18.97 | 44.24 |
| 2 | 19—13 | 柱浇捣脚手架 | $10m^2$ | 2.635 | 16.56 | 43.64 |
| 合计 | | | | | | 87.88 |

**注** 19—7 换：$63.23\times0.3=18.97$ 元/$10m^2$。

**答**：该工程的混凝土浇捣脚手架合价为 87.88 元。

4. **解**：（1）列项目：净高 3.60m 以内矩形柱组合钢模板（20—25）、净高 3.60m 以外矩形柱组合钢模板（20—25）、净高 3.60m 以内有梁板组合钢模板（20—56）、净高 3.60m 以外有梁板组合钢模板（20—56）。

（2）计算工程量：

净高 3.60m 以内柱模板：$6\times4\times0.45\times2.9-0.35\times0.4\times14=29.36m^2$

净高 3.60m 以外柱模板：$6\times4\times0.45\times(6+1.85-0.4-0.4-0.1)-0.35\times0.4\times14=73.1m^2$

净高 3.60m 以内、净高 3.60m 以外有梁板模板：

KL－1：$(2\times0.4+0.35)\times(6-0.45)\times3=19.15m^2$

KL－2：$(2\times0.4+0.35)\times(5-0.45)\times4=20.93m^2$

B：6.45×9.45－0.45×0.45×6－0.35×5.55×3－0.35×4.55×4＋(6.45×2＋9.45×2)×0.1＝50.72m$^2$

小计．00.80m$^2$

(3) 套定额，见下表。

| 序号 | 定额编号 | 项目名称 | 计量单位 | 工程量 | 综合单价（元） | 合价（元） |
|---|---|---|---|---|---|---|
| 1 | 20—25 | 矩形柱组合钢模板 | 10m$^2$ | 2.936 | 271.36 | 796.71 |
| 2 | 20—25 换 | 矩形柱组合钢模板 | 10m$^2$ | 7.31 | 296.58 | 2168.00 |
| 3 | 20—56 | C30 有梁板组合钢模板 | 10m$^2$ | 9.08 | 232.04 | 2106.92 |
| 4 | 20—56 换 | C30 有梁板组合钢模板 | 10m$^2$ | 9.08 | 251.49 | 2283.53 |
| 合计 | | | | | | 7355.16 |

注 1. 20—25 换：271.36＋0.15×(13.49＋11.07)＋0.15×104.78×1.37＝296.58 元/10m$^2$。

2. 20—56 换：232.04＋0.15×(13.76＋17.95)＋0.15×71.5×1.37＝251.49 元/10m$^2$。

**答**：该模板工程的合价为 7355.16 元。

5. **解**：(1) 列项目：人工挖湿土排水（21—1）、基坑排水（21—4）。

(2) 计算工程量：施工考虑不放坡、留工作面（从垫层边开始留工作面）。

挖湿土：(45.2＋0.6)×(60.2＋0.6)×0.8＝2227.71m$^3$

基坑排水：45.8×60.8＝2784.64m$^2$

(3) 套定额，见下表。

| 序号 | 定额编号 | 项目名称 | 计量单位 | 工程量 | 综合单价（元） | 合价（元） |
|---|---|---|---|---|---|---|
| 1 | 21—1 | 挖湿土施工排水 | m$^3$ | 2227.71 | 5.63 | 12542.01 |
| 2 | 21—4 | 基坑排水 | 10m$^2$ | 278.464 | 297.77 | 82918.23 |
| 合计 | | | | | | 95460.24 |

**答**：该施工排水合价为 95460.24 元。

6. **解**：(1) 列项目：安装井点管（21—13）、拆除井点管（21—14）、井点降水（21—15）。

(2) 计算工程量：

安装、拆除井点管：70 根

井点降水：2 套×45 天＝90 套天

(3) 套定额，见下表。

| 序号 | 定额编号 | 项目名称 | 计量单位 | 工程量 | 综合单价（元） | 合价（元） |
|---|---|---|---|---|---|---|
| 1 | 21—13 | 安装井点管 | 10 根 | 7 | 346.97 | 2428.79 |
| 2 | 21—14 | 拆除井点管 | 10 根 | 7 | 109.15 | 764.05 |
| 3 | 21—15 | 井点降水 | 套天 | 90 | 481.93 | 43373.70 |
| 合计 | | | | | | 46566.54 |

**答**：该施工降水合价为 46566.54 元。

## 第10章 工程量清单计价概述

**一、单项选择题**

1.D 2.A 3.D 4.D 5.D 6.A 7.D 8.A 9.D 10.B 11.C 12.D 13.A 14.D 15.B 16.A 17.B 18.B 19.B 20.D 21.A 22.D 23.D 24.B 25.B 26.B 27.C 28.A 29.C 30.D 31.C 32.A 33.B

**二、多项选择题**

1.CD 2.ABC 3.ABD 4.ACE 5.BD

**三、判断题**

1.×（应增加“规费项目清单、税金项目清单”内容） 2.×（应增加“项目特征”内容） 3.√ 4.×（必须根据改为应根据） 5.√ 6.×（属于改为不得作为） 7.×（可以采用改为不得采用） 8.×（必须改为宜） 9.√ 10.√

**四、思考题**

1.（1）实行工程量清单计价，是工程造价深化改革的产物；（2）实行工程量清单计价，是规范建设市场秩序，适应社会主义市场经济发展的需要；（3）实行工程量清单计价，是为促进建设市场有序竞争和企业健康发展的需要；（4）实行工程量清单计价，有利于我国工程造价管理政府职能的转变；（5）实行工程量清单计价，是适应我国加入世界贸易组织（WTO），融入世界大市场的需要。

2.08计价规范共包括5章和6个附录。

第1章“总则”，第2章“术语”，第3章“工程量清单编制”，第4章“工程量清单计价”，第5章“工程量清单计价表格”。

附录A“建筑工程工程量清单项目及计算规则”，适用于工业与民用建筑物和构筑物工程；附录B“装饰装修工程工程量项目及计算规则”，适用于工业与民用建筑物和构筑物的装饰装修工程；附录C“安装工程工程量清单项目及计算规则”，适用于工业与民用安装工程；附录D“市政工程工程量清单项目及计算规则”，适用于城市市政建设工程；附录E“园林绿化工程工程量清单项目及计算规则”，适用于园林绿化工程；附录F“矿山工程工程量清单项目及计算规则”，适用于矿山工程。

3.（1）08计价规范；（2）国家或省级、行业建设主管部门颁发的计价依据和方法；（3）建设工程设计文件；（4）与建设工程项目有关的标准、规范、技术资料；（5）招标文件及其补充通知、答疑纪要；（6）施工现场情况、工程及常规施工方案；（7）其他相关资料。

4.（1）封面；（2）总说明；（3）汇总表；（4）分部分项工程量清单表；（5）措施项目清单表；（6）其他项目清单表；（7）规费、税金项目清单与计价表；（8）工程款支付申请（核准）表。

## 第11章 建筑工程分部分项工程量清单计价

**一、单项选择题**

1.A 2.C 3.A 4.C 5.C 6.B 7.D 8.C 9.B 10.A 11.C 12.D 13.D 14.C 15.A 16.C 17.B 18.B

**二、多项选择题**

1. ACDE　2. ABCE　3. ABDE　4. ABDE　5. ABC　6. ABDE

**三、判断题**

1. √　2. ×（改为薄壁柱根据其截面形状，确定以异形柱或矩形柱的编码列项）

3. √　4. ×（水平投影面积改为体积）　5. ×（投影面积改为体积）　6. √　7. ×（300mm 改为 500mm）　8. ×（包含在墙体项目内改为应按零星砌砖项目编码列项）

**四、分析计算题**

1. 解：列项目：(1) 挖基础土方（010101003001）、基础土方回填（010103001001）。

(2) 计算工程量：

010101003 挖基础土方：$0.96\times0.55\times(7\times2+5\times2+5-0.96)=14.81\text{m}^3$

010103001 基础土方回填：$14.81-9.89=4.92\ \text{m}^3$

(3) 工程量清单，见下表。

| 序号 | 项目编码 | 项目名称 | 项　目　特　征 | 计量单位 | 工程数量 |
|---|---|---|---|---|---|
| 1 | 010101003001 | 挖基础土方 | 1. 土壤类别：三类干土<br>2. 基础类型：条形基础<br>3. 基础垫层宽度：0.96m<br>4. 挖土深度：0.55m<br>5. 弃土距离：沟边 | $\text{m}^3$ | 14.81 |
| 2 | 010103001001 | 基础土方回填 | 1. 土壤类别：一类干土<br>2. 回填土运距：沟边<br>3. 回填要求：密实度大于 94%，碾压，粒径 40mm 以内 | $\text{m}^3$ | 4.92 |

2. **解**：(1) 列项目 010101003001（人工挖地槽 1—23）、010103001001（夯填基槽回填土 1—104）。

(2) 计算工程量（见第 7 章分析计算题第 3 题）：

人工挖地槽工程量：$23.54\ \text{m}^3$

夯填基槽回填土工程量：$13.65\ \text{m}^3$

(3) 清单计价，见下表。

| 序号 | 项目编码 | 项目名称 | 计量单位 | 工程数量 | 金额（元） | |
|---|---|---|---|---|---|---|
| | | | | | 综合单价 | 合价 |
| 1 | 010101003001 | 挖基础土方 | $\text{m}^3$ | 14.81 | 23.52 | 348.39 |
| | 1—23 | 人工挖沟槽 | $\text{m}^3$ | 23.54 | 14.80 | 348.39 |
| 2 | 010103001 | 基础土方回填 | $\text{m}^3$ | 4.92 | 29.69 | 146.06 |
| | 1—104 | 基槽回填土 | $\text{m}^3$ | 13.65 | 10.70 | 146.06 |

**答**：挖基础土方的清单综合单价为 23.52 元/$\text{m}^3$，基础土方回填的清单综合单价为 29.69 元/$\text{m}^3$。

3. **解**：(1) 列项目：震动沉管灌注桩（010201003001）、接桩（010201002001）。

(2) 计算工程量：

震动沉管灌注桩：120 根

接桩：2×120＝240 个

（3）工程量清单，见下表。

| 序号 | 项目编码 | 项目名称 | 项　目　特　征 | 计量单位 | 工程数量 |
|---|---|---|---|---|---|
| 1 | 010201001001 | 预制钢筋混凝土桩 | 1. 土壤类别：三类土<br>2. 单桩长度、根数：15m、120 根<br>3. 桩截面：450mm×450mm<br>4. 混凝土强度等级：C30<br>5. 送桩至室外地面下 2.35m | 根 | 120 |
| 2 | 010201002001 | 接桩 | 1. 桩截面：450mm×450mm<br>2. 接桩材料：胶泥 | 个 | 240 |

4. **解**：（1）列项目：010201003001（打桩 2—14. 送桩 2—18）、010201002001（接桩 2—28）。

（2）计算工程量（见第 7 章分析计算题第 4 题）：

打桩工程量：$V=0.45\times0.45\times15\times120=364.5\text{m}^3$

接桩工程量：接头数量 2×120＝240 个

送桩工程量：$V'=0.45\times0.45\times(2.8-0.45+0.5)\times120=69.26\text{m}^3$

（3）清单计价，见下表。

| 序号 | 项目编码 | 项目名称 | 计量单位 | 工程数量 | 金额（元） | |
|---|---|---|---|---|---|---|
| | | | | | 综合单价 | 合价 |
| 1 | 010201001001 | 预制钢筋混凝土桩 | 根 | 120 | 622.56 | 74707.51 |
| | 2—14 | 打预制混凝土方桩桩长 18m 以内 | $\text{m}^3$ | 364.5 | 177.69 | 64768.01 |
| | 2—18 | 送预制混凝土方桩桩长 18m 以内 | $\text{m}^3$ | 69.26 | 143.51 | 9939.50 |
| 2 | 010201002001 | 接桩 | 个 | 240 | 35.43 | 8503.20 |
| | 2—28 换 | 胶泥接桩 | 个 | 240 | 35.43 | 8503.20 |

5. **解**：（1）列项目：砖基础（010301001001）。

（2）计算工程量（见第 7 章分析计算题第 4 题）：

砖基础工程量：$4.94\text{m}^3$

（3）工程量清单，见下表。

| 序号 | 项目编码 | 项目名称 | 项　目　特　征 | 计量单位 | 工程数量 |
|---|---|---|---|---|---|
| 1 | 010301001001 | 砖基础 | 1. M5 水泥砂浆砌标准砖基础<br>2. 基础类型：条形基础，一层大方脚<br>3. −0.06m 标高处设 2cm 厚防水砂浆 1∶2 防潮层<br>4. 砖基础底标高：−0.650m<br>5. 室外地坪标高：−0.450m | $\text{m}^3$ | 4.94 |

6. **解**：（1）列项目 010301001001（砖基础 3—1，防水砂浆防潮层 3—42）

(2) 计算工程量（见第 7 章分析计算题第 4 题）：

砖基础体积 $V_{基础}=SL=0.17184\times28.76=4.942\ m^3$

$S_{防潮层}=0.24\times28.76=6.90m^2$

(3) 清单计价，见下表。

| 序号 | 项目编码 | 项目名称 | 计量单位 | 工程数量 | 金额（元） | |
|---|---|---|---|---|---|---|
| | | | | | 综合单价 | 合价 |
| 1 | 010301001001 | 砖基础 | $m^3$ | 4.94 | 197.07 | 973.52 |
| | 3—1 | M5 水泥砂浆砖基础 | $m^3$ | 4.94 | 185.80 | 917.85 |
| | 3—42 | 2cm 防水砂浆防潮层 | $10m^2$ | 0.69 | 80.68 | 55.67 |

7. **分析**：混凝土工程与模板工程紧密相连，考虑到净高 3.6m 以上模板子目要换算，故列清单时最好将净高 3.6m 以内和以外的混凝土工程采用第五级编码进行区分。

**解**：(1) 列项目：现浇矩形柱 3.6m 以上（010402001001）、现浇矩形柱 3.6m 以内（010402001002）、现浇有梁板 3.6m 以上（010405001001）、现浇有梁板 3.6m 以内（010405001001）。

(2) 计算工程量（见第 7 章分析计算题第 10 题）：

现浇矩形柱 3.6m 以上：$6\times0.45\times0.45\times(6+1.85-0.8)=8.566m^3$

现浇矩形柱 3.6m 以内：$6\times0.45\times0.45\times3=3.645m^3$

现浇有梁板 3.6m 以上、现浇有梁板 3.6m 以内：$(23.24-6\times0.45\times0.45\times0.1\times2)\div2=11.50m^3$

(3) 工程量清单，见下表。

| 序号 | 项目编码 | 项目名称 | 项　目　特　征 | 计量单位 | 工程数量 |
|---|---|---|---|---|---|
| 1 | 010402001001 | 现浇矩形柱 | 1. 混凝土强度等级：C30 自拌混凝土<br>2. 柱截面：450mm×450mm<br>3. 柱高度：6.00m | $m^3$ | 8.566 |
| 2 | 010402001002 | 现浇矩形柱 | 1. 混凝土强度等级：C30 自拌混凝土<br>2. 柱截面：450mm×450mm<br>3. 柱高度：3.00m | $m^3$ | 3.645 |
| 3 | 010405001001 | 现浇有梁板 | 1. 混凝土强度等级：C30 自拌混凝土<br>2. 板厚度：100mm<br>3. 板底标高：－5.90m | $m^3$ | 11.50 |
| 4 | 010405001001 | 现浇有梁板 | 1. 混凝土强度等级：C30 自拌混凝土<br>2. 板厚度：100mm<br>3. 板底标高：－8.90m | $m^3$ | 11.50 |

8. 解：(1) 列项目 010402001001（现浇矩形柱 5—13）、010402001002（现浇矩形柱 5—13）、010405001001（现浇有梁板 5—32）、010405001002（现浇有梁板 5—32）。

(2) 计算工程量（见第 7 章分析计算题第 10 题）：

现浇柱 3.6m 以上：$6\times0.45\times0.45\times(6.00+1.85-0.4-0.4-0.1)=8.444m^3$

现浇柱 3.6m 以内：$6\times0.45\times0.45\times(3-0.1)=3.524m^3$

现浇有梁板：$23.24\div2=11.62m^3$

(3) 清单计价，见下表。

| 序号 | 项目编码 | 项目名称 | 计量单位 | 工程数量 | 金额（元） | |
|---|---|---|---|---|---|---|
| | | | | | 综合单价 | 合价 |
| 1 | 010402001001 | 现浇矩形柱 | $m^3$ | 8.566 | 273.33 | 2341.35 |
| | 5—13 | C30 矩形柱 | $m^3$ | 8.444 | 277.28 | 2341.35 |
| 2 | 010402001002 | 现浇矩形柱 | $m^3$ | 3.645 | 268.08 | 977.13 |
| | 5—13 | C30 矩形柱 | $m^3$ | 3.524 | 277.28 | 977.13 |
| 3 | 010405001001 | 现浇有梁板 | $m^3$ | 11.50 | 263.34 | 3028.40 |
| | 5—32 | C30 有梁板 | $m^3$ | 11.62 | 260.62 | 3028.40 |
| 4 | 010405001001 | 现浇有梁板 | $m^3$ | 11.50 | 263.34 | 3028.40 |
| | 5—32 | C30 有梁板 | $m^3$ | 11.62 | 260.62 | 3028.40 |

9. **解**：(1) 列项目：现浇混凝土钢筋（010416001001）。

(2) 计算工程量（见第 7 章分析计算题第 8 题）：

现浇混凝土钢筋：0.721t

(3) 工程量清单，见下表。

| 序号 | 项目编码 | 项目名称 | 项目特征 | 计量单位 | 工程数量 |
|---|---|---|---|---|---|
| 1 | 010416001001 | 现浇混凝土钢筋 | $\phi$12 以内 HPB235 级钢筋 | t | 0.721 |

10. **解**：(1) 列项目：010416001001（$\phi$12 以内现浇构件普通钢筋 4—1）。

(2) 计算工程量（见第 7 章分析计算题第 8 题）：

现浇混凝土钢筋：0.721t

(3) 清单计价，见下表。

| 序号 | 项目编码 | 项目名称 | 计量单位 | 工程数量 | 金额（元） | |
|---|---|---|---|---|---|---|
| | | | | | 综合单价 | 合价 |
| 1 | 010416001001 | 现浇混凝土钢筋 | t | 0.721 | 3421.48 | 2466.88 |
| | 4—1 | $\phi$12 以内钢筋 | t | 0.721 | 3421.48 | 2466.88 |

11. **解**：(1) 列项目：瓦屋面（010701001001）。

(2) 计算工程量（见第 7 章分析计算题第 13 题）：

瓦屋面工程量：$89.58m^2$

(3) 工程量清单，见下表。

| 序号 | 项目编码 | 项目名称 | 项目特征 | 计量单位 | 工程数量 |
|---|---|---|---|---|---|
| 1 | 010701001001 | 瓦屋面 | 1. 瓦：水泥瓦 420mm×332mm（有效面积 345mm×300mm）；铺水泥脊瓦<br>2. 基层：20mm 1：2.5 防水砂浆找平，1：2.5 水泥砂浆粉挂瓦条，断面为 20mm×30mm@345mm，1：2.5 水泥砂浆铺瓦 | $m^2$ | 89.58 |

12. **解：**（1）列项目：010701001001（防水砂浆找平层 9—70－9—71、水泥砂浆挂瓦条 9—5、铺水泥瓦 9—7、铺水泥脊瓦 9—8）。

（2）计算工程量（见第 7 章分析计算题第 8 题）：

铺水泥瓦、水泥砂浆挂瓦条、防水砂浆找平层工程量：$12.84\times6.24\times1.118=89.58m^2$

脊瓦工程量：$4\times3.12\times1.50+6.6=25.32m$

（3）清单计价，见下表。

| 序号 | 项目编码 | 项 目 名 称 | 计量单位 | 工程数量 | 金额（元） | |
|---|---|---|---|---|---|---|
| | | | | | 综合单价 | 合价 |
| 1 | 010701001001 | 瓦屋面 | $m^2$ | 89.58 | 55.33 | 4956.18 |
| | 9—70 换<br>－9—71 换 | 20mm 防水砂浆 | $10m^2$ | 8.958 | 93.67 | 839.10 |
| | 9—5 | 水泥砂浆挂瓦条 | $10m^2$ | 8.958 | 24.25 | 217.23 |
| | 9—7 | 1∶2.5 水泥砂浆铺水泥瓦 | $10m^2$ | 8.958 | 373.69 | 3347.52 |
| | 9—8 | 铺水泥脊瓦 | 10m | 2.532 | 218.14 | 552.33 |

13. 不可以。根据规定，甲方招标中列出项目而施工方未报价的，视为此项费用已包含在其余费用之中。

# 第 12 章 装饰工程工程量清单计价

**一、单项选择题**

1. C 2. C 3. A 4. C 5. B 6. A 7. B 8. A 9. B 10. C

**二、多项选择题**

1. AD 2. ABE 3. BE

**三、判断题**

1. √ 2. ×（水平投影长度改为水平投影长度乘 1.18） 3. ×（投影面积改为实际粉刷面积） 4. √ 5. √

**四、思考题**

1. 规范中无论整体面层还是块料面层，其计算规则都相同，而计价表中整体面层和块料面层的计算规则是不同的。同是整体面层，其规则也不同：规范的计算规则是“不扣除间壁墙和 $0.3m^2$ 以内的柱、垛、附墙烟囱及孔洞所占面积”；计价表则为“不扣除柱、垛、间壁墙及面积在 $0.3m^2$ 以内的孔洞面积”。块料面层的清单计算规则与计价表的区别就更大了。

2. 与计价表的按米（m）计算单位不同，清单按面积计算。

3. 清单中关于楼梯的计算不管是何种面层计算规则都是一样的，而计价表中就区分不同面层采用不同的计算规则。虽然计价表中整体面层也是按楼梯水平投影面积计算，与规范仍有区别：（1）楼梯井范围不同，规范是 500mm 为控制指标，计价表以 200mm 为界限；（2）楼梯与楼地面相连时计价规范规定只算至楼梯梁内侧边缘，计价表规定应算至楼梯梁外侧面。

4. 外墙面抹灰清单工程量按设计图示尺寸以面积计算。扣除墙裙、门窗洞口及单个面积 $0.3m^2$ 以外的孔洞面积，不扣除踢脚线、挂镜线和墙与构件交接处的面积，门窗洞口和孔洞的侧壁及顶面不增加面积。附墙柱、梁、垛、烟囱侧壁并入相应的墙面面积内。外墙面计价表工程量计算中规定“门窗洞口、空圈的侧壁、顶面及垛应按结构展开面积并入墙面抹灰中计算”，这是计价规范和计价表中规定的不同之处。

**五、分析计算题**

1. **解**：(1) 列项目：块料地面 (020102002001)、块料弧形地面 (020102002002)、块料踢脚线 (020105003001)、块料台阶面 (020108002001)。

(2) 计算工程量（见第 8 章分析计算题第 2 题）：

020102002001 块料楼地面：$(30-0.24)\times(15-0.24)+0.6\times1.8-1\times1=439.34m^2$

020102002002 块料弧形地面：$1\times1-3.1416\times0.5^2=0.21m^2$

020105003001 块料踢脚线：$115.44\times0.12=13.85m^2$

020108002001 块料台阶面：$0.9\times1.8=1.62m^2$

(3) 工程量清单，见下表。

| 序号 | 项目编码 | 项目名称 | 项 目 特 征 | 计量单位 | 工程数量 |
|---|---|---|---|---|---|
| 1 | 020102002001 | 同质地砖楼地面 | 1. 基层：素水泥浆一道；20mm 厚 1：3 水泥砂浆找平，5mm 1：2 水泥砂浆粘结层<br>2. 面层：600mm×600mm×6mm 镜面同质地砖<br>3. 酸洗打蜡 | $m^2$ | 439.34 |
| 2 | 020102002002 | 同质地砖弧形粘贴楼地面 | 1. 基层：素水泥浆一道；20mm 厚 1：3 水泥砂浆找平，5mm 1：2 水泥砂浆粘结层<br>2. 面层：600mm×600mm×6mm 镜面同质地砖弧形贴面<br>3. 酸洗打蜡 | $m^2$ | 0.21 |
| 3 | 020105003001 | 同质地砖踢脚线 | 1. 基层：素水泥浆一道；20mm 厚 1：3 水泥砂浆找平，5mm 1：2 水泥砂浆粘结层<br>2. 面层：600mm×600mm×6mm 镜面同质地砖<br>3. 踢脚线高度：120mm | $m^2$ | 13.85 |
| 4 | 020108002001 | 同质地砖台阶面 | 1. 基层：素水泥浆一道；20mm 厚 1：3 水泥砂浆找平，5mm 1：2 水泥砂浆粘结层<br>2. 面层：600mm×600mm×6mm 镜面同质地砖<br>3. 酸洗打蜡 | $m^2$ | 1.62 |

2. **解**：(1) 列项目 020102002001（地砖地面 12—94、酸洗打蜡 12—121)、020102002002（地砖弧形地面 12—94、酸洗打蜡 12—121)、020108002001（地砖踢脚线 12—102)、020108002001（台阶地砖面 12—101、酸洗打蜡 12—122)。

(2) 计算工程量（见第 8 章分析计算题第 2 题）：

地面同质砖、酸洗打蜡：$437.75m^2$

地面弧形贴面、酸洗打蜡：$0.21m^2$

弧长增加：3.1416×2×0.5＝3.14m

台阶同质砖、酸洗打蜡：1.8×(3×0.3＋3×0.15)＝2.43m$^2$

踢脚线：115.44m

(3) 清单计价，见下表。

| 序号 | 项目编码 | 项 目 名 称 | 计量单位 | 工程数量 | 金额（元） | |
|---|---|---|---|---|---|---|
| | | | | | 综合单价 | 合价 |
| 1 | 020102002001 | 同质地砖楼地面 | m$^2$ | 439.34 | 123.02 | 54045.93 |
| | 12—94 换 1 | 地面 500mm×500mm 镜面同质砖 | 10m$^2$ | 43.775 | 1211.90 | 53050.92 |
| | 12—121 | 地面酸洗打蜡 | 10m$^2$ | 43.775 | 22.73 | 995.01 |
| 2 | 020102002002 | 同质地砖弧形粘贴楼地面 | m$^2$ | 0.21 | 123.92 | 1026.21 |
| | 12—94 换 2 | 地面弧形贴面 | m$^2$ | 0.21 | 148.62 | 31.21 |
| | 补 | 弧长增加 | 10m | 0.314 | 11.51 | 3.61 |
| | 12—121 | 地面酸洗打蜡 | 10m$^2$ | 0.021 | 22.73 | 0.48 |
| 3 | 020108002001 | 地砖踢脚线 | m$^2$ | 13.85 | 167.88 | 2325.08 |
| | 12—102 换 | 同质砖踢脚线 120mm | 10m | 11.544 | 201.41 | 2325.08 |
| 4 | 020108002001 | 同质地砖台阶面 | m$^2$ | 1.62 | 204.64 | 331.52 |
| | 12—101 换 | 台阶同质地砖 | 10m$^2$ | 0.243 | 1333.22 | 323.97 |
| | 12—122 | 台阶酸洗打蜡 | 10m$^2$ | 0.243 | 31.09 | 7.55 |

3. **解**：(1) 列项目：水泥砂浆外墙面 (020201001001)、混合砂浆内墙面 (020201001002)、柱面水泥砂浆 (020202001001)。

(2) 计算工程量（见第 8 章分析计算题第 3 题）：

外墙外表面抹水泥砂浆：276.79m$^2$

外墙内表面抹混合砂浆：312.77m$^2$

柱面抹水泥砂浆：3.1416×2×2.8＝17.59m$^2$

(3) 工程量清单，见下表。

| 序号 | 项目编码 | 项 目 名 称 | 项 目 特 征 | 计量单位 | 工程数量 |
|---|---|---|---|---|---|
| 1 | 020201001001 | 外部水泥砂浆 | 1. 墙体：实心黏土砖墙<br>2. 找平层：12mm 1∶3 水泥砂浆<br>3. 面层：8mm 1∶2.5 水泥砂浆<br>4. 抹灰采用 3mm 玻璃条分隔 | m$^2$ | 276.79 |
| 2 | 020201001002 | 内部混合砂浆 | 1. 墙体：实心黏土砖墙<br>2. 找平层：15mm 1∶1∶6 混合砂浆<br>3. 面层：5mm 1∶0.3∶3 混合砂浆 | m$^2$ | 312.77 |
| 3 | 020202001001 | 柱面水泥砂浆 | 1. 柱：钢筋混凝土<br>2. 找平层：12mm 1∶3 水泥砂浆<br>3. 面层：8mm 1∶2.5 水泥砂浆 | m$^2$ | 17.59 |

4. **解**：(1) 列项目：020201001001（外墙面抹灰 13—11、外墙玻璃条嵌缝 13—69）、020201001002（内墙面抹灰 13—31）、020202001001（柱面抹灰 13—28）。

(2) 计算工程量（见第 8 章分析计算题第 3 题）：

外墙外表面抹水泥砂浆：276.79m$^2$

外墙内表面抹混合砂浆：312.77m$^2$

柱面抹水泥砂浆：3.1416×2×2.8＝17.59$m^2$

墙面嵌缝：(30.24＋15.24) ×2×3.1＝281.98$m^2$

(3) 清单计价，见下表。

| 序号 | 项目编码 | 项目名称 | 计量单位 | 工程数量 | 金额（元） | |
|---|---|---|---|---|---|---|
| | | | | | 综合单价 | 合价 |
| 1 | 020101001001 | 外部水泥砂浆 | $m^2$ | 276.79 | 13.33 | 3688.96 |
| | 13—11 | 外墙外表面抹水泥砂浆 | 10$m^2$ | 27.679 | 111.19 | 3077.63 |
| | 13—69 | 外墙抹灰面玻璃条嵌缝 | 10$m^2$ | 28.198 | 21.68 | 611.33 |
| 2 | 020201001002 | 内部混合砂浆 | $m^2$ | 312.77 | 8.71 | 2722.98 |
| | 13—31 | 外墙内表面抹混合砂浆 | 10$m^2$ | 31.277 | 87.06 | 2722.98 |
| 3 | 020202001001 | 柱面水泥砂浆 | $m^2$ | 17.59 | 15.22 | 267.68 |
| | 13—28 | 柱面抹水泥砂浆 | 10$m^2$ | 1.759 | 152.18 | 267.68 |

5. **解**：(1) 列项目：10 层天棚吊顶 (020302001001)、11 层天棚吊顶 (020302001002)、12 层天棚吊顶 (020302001003)。

(2) 计算工程量（见第 8 章分析计算题第 4 题）：

10 层、11 层 12 层工程量：(30－0.24)×(10－0.24)＝290.46$m^2$

(3) 工程量清单，见下表。

| 序号 | 项目编码 | 项 目 名 称 | 项 目 特 征 | 计量单位 | 工程数量 |
|---|---|---|---|---|---|
| 1 | 020302001001 | 天棚吊顶 | 1. 天棚吊筋：$\phi$8<br>2. 龙骨：不上人轻钢龙骨 500mm×500mm<br>3. 面层：纸面石膏板<br>4. 位于 10 层，层高 4.2m | $m^2$ | 290.46 |
| 2 | 020302001001 | 天棚吊顶 | 1. 天棚吊筋：$\phi$8<br>2. 龙骨：不上人轻钢龙骨 500mm×500mm<br>3. 面层：纸面石膏板<br>4. 位于 11 层，层高 4.2m | $m^2$ | 290.46 |
| 3 | 020302001001 | 天棚吊顶 | 1. 天棚吊筋：$\phi$8<br>2. 龙骨：不上人轻钢龙骨 500mm×500mm<br>3. 面层：纸面石膏板<br>4. 位于 12 层，层高 5.0m | $m^2$ | 290.46 |

6. **解**：(1) 列项目：020302001001 [吊筋 3 (14—42)、吊筋 4 (14—42)、轻钢龙骨 14—10、纸面石膏板 14—55、超高增加费 1 (18—19)]、020302001002 [吊筋 3 (14—42)、吊筋 4 (14—42)、轻钢龙骨 14—10、纸面石膏板 14—55、超高增加费 2 (18—20)]、020302001003 [吊筋 1 (14—42)、吊筋 2 (14—42)、轻钢龙骨 14—10、纸面石膏板 14—55、超高增加费 2 (18—20)]。

(2) 计算工程量（见第 8 章分析计算题第 4 题）：

吊筋 1、吊筋 3：(30－0.24－12)×(10－0.24－6)＝66.78$m^2$

吊筋 2、吊筋 4：(30－0.24)×(10－0.24)－66.78＝223.68$m^2$

轻钢龙骨：(30－0.24)×(10－0.24)＝290.46$m^2$

纸面石膏板：290.46＋0.5×(30－12.24＋10－6.24)×2＝311.98$m^2$

超高增加费1、超高增加费2：290.46$m^2$

(3) 清单计价，见下表。

| 序号 | 项目编码 | 项 目 名 称 | 计量单位 | 工程数量 | 金额（元） | |
|---|---|---|---|---|---|---|
| | | | | | 综合单价 | 合价 |
| 1 | 020302001001 | 10层天棚吊顶 | $m^2$ | 290.46 | 69.90 | 20302.66 |
| | 14—42换3 | 吊筋3 | 10$m^2$ | 6.678 | 49.32 | 329.36 |
| | 14—42换4 | 吊筋4 | 10$m^2$ | 22.368 | 56.65 | 1267.15 |
| | 14—10换 | 轻钢龙骨 | 10$m^2$ | 29.046 | 384.70 | 11174.00 |
| | 14—55换 | 纸面石膏板 | 10$m^2$ | 31.198 | 233.61 | 7288.16 |
| | 18—19 | 超高增加费1 | 10$m^2$ | 29.046 | 8.40 | 243.99 |
| 2 | 020302001001 | 11层天棚吊顶 | $m^2$ | 290.46 | 70.32 | 20424.36 |
| | 14—42换3 | 吊筋3 | 10$m^2$ | 6.678 | 49.32 | 329.36 |
| | 14—42换4 | 吊筋4 | 10$m^2$ | 22.368 | 56.65 | 1267.15 |
| | 14—10换 | 轻钢龙骨 | 10$m^2$ | 29.046 | 384.70 | 11174.00 |
| | 14—55换 | 纸面石膏板 | 10$m^2$ | 31.198 | 233.61 | 7288.16 |
| | 18—20 | 超高增加费2 | 10$m^2$ | 29.046 | 12.59 | 365.69 |
| 3 | 020302001001 | 12层天棚吊顶 | $m^2$ | 290.46 | 71.49 | 20765.36 |
| | 14—42换1 | 吊筋1 | 10$m^2$ | 6.678 | 61.06 | 407.76 |
| | 14—42换2 | 吊筋2 | 10$m^2$ | 22.368 | 68.39 | 1529.75 |
| | 14—10换 | 轻钢龙骨 | 10$m^2$ | 29.046 | 384.70 | 11174.00 |
| | 14—55换 | 纸面石膏板 | 10$m^2$ | 31.198 | 233.61 | 7288.16 |
| | 18—20 | 超高增加费2 | 10$m^2$ | 29.046 | 12.59 | 365.69 |

7. **解**：(1) 列项目：胶合板门 (020401004001)。

(2) 计算工程量（见第8章分析计算题第5题）：

胶合板门工程量：16樘

(3) 工程量清单，见下表。

| 序号 | 项目编码 | 项目名称 | 项 目 特 征 | 计量单位 | 工程数量 |
|---|---|---|---|---|---|
| 1 | 020401004001 | 胶合板门 | 1. 有腰单扇胶合板门<br>2. 门框断面：60mm×120mm（净料），现场制作安装<br>3. 门扇立梃断面：45mm×100mm（毛料），现场制作安装<br>4. 油漆：聚氨酯漆三遍<br>5. 门锁：球形执手锁 | 樘 | 16 |

8. **解**：(1) 列项目020401004001（门框制作15—244、门扇制作15—245、门框安装15—246、门扇安装15—247、一般五金件15—377、门锁15—346、聚氨酯漆三遍16—10）。

(2) 计算工程量（见第8章分析计算题第5题）：

门框制作安装、门扇制作安装：0.9×2.7×16＝38.88m$^2$

五金配件、球形锁：16 樘（把）

聚氨酯漆三遍：38.88×0.96＝37.32m$^2$

（3）清单计价，见下表。

| 序号 | 项目编码 | 项目名称 | 计量单位 | 工程数量 | 金额（元） | |
|---|---|---|---|---|---|---|
| | | | | | 综合单价 | 合价 |
| 1 | 020401004001 | 胶合板门 | 樘 | 16 | 431.10 | 6897.57 |
| | 15—244 换 | 门框制作 | 10m$^2$ | 3.888 | 509.30 | 1980.16 |
| | 15—245 | 门扇制作 | 10m$^2$ | 3.888 | 629.86 | 2448.90 |
| | 15—246 | 门框安装 | 10m$^2$ | 3.888 | 26.87 | 104.47 |
| | 15—247 | 门扇安装 | 10m$^2$ | 3.888 | 116.72 | 453.81 |
| | 15—377 | 五金配件 | 樘 | 16 | 11.31 | 180.96 |
| | 15—346 | 球形执手锁 | 把 | 16 | 39.77 | 636.32 |
| | 16—101 | 聚氨酯漆三遍 | 10m$^2$ | 3.732 | 292.86 | 1092.95 |

## 第 13 章　清单法的计量、调整与支付

### 一、单项选择题

1. B　2. C　3. A　4. D（解题指导：工程师指令延迟造成全场停工 3 天，造成人员窝工 60 个工日，计 60×20＝1200 元；机械 3 个台班，计 3×500＝1500 元；增加新工作人工 120×50＝6000 元，机械 6×800＝4800 元，材料 15000 元；共计 1200＋1500＋6000＋4800＋15000＝28500 元）　5. A　6. C　7. D（解题指导：55 天对应完成的工程量应为 11000m$^3$，每天需完成 200 m$^3$，风险以外为 1000 m$^3$，故工期索赔 5 天）

### 二、多项选择题

1. ABD　2. ABDE

### 三、判断题

1. ×（15 日改为 30 日）　2. ×（以招标文件为准改为以投标文件为准）　3. √

4. ×（按清单工程量计算改为按承包人在履行合同义务过程中实际完成的工程量计算）　5. ×（由承包人承担违约责任改为由发包人承担违约责任）　6. √　7. ×（承包人改为发包人）　8. √　9. √　10. ×（可以改为不可以）

## 第 14 章　建筑工程招标与投标

### 一、单项选择题

1. C　2. C　3. A　4. C　5. C　6. D　7. A　8. D　9. B　10. A　11. B　12. B

### 二、多项选择题

1. BD　2. ACE

### 三、判断题

1. ×（应改为也不可以增加优惠条件）　2. ×（应改为招标工程的清单项目工程数量超过约定幅度的可以调整）　3. √　4. √　5. ×（必须改为应当）

**四、思考题**

1. （1）招标人已经依法成立；（2）初步设计及概算应当履行审批手续的，已经批准；（3）招标范围、招标方式和招标组织形式等应当履行核准手续的，已经核准；（4）有相应资金或资金来源已经落实；（5）有招标所需的设计图纸及技术资料。

2. 国务院发展计划部门确定的国家重点建设项目和各省、自治区、直辖市人民政府确定的地方重点建设项目，以及全部使用国有资金投资或者国有资金投资占控股或者主导地位的工程建设项目。

3. （1）项目技术复杂或有特殊要求，只有少量几家潜在投标人可供选择的；（2）受自然地域环境限制的；（3）涉及国家安全、国家秘密或者抢险救灾，适宜招标但不宜公开招标的；（4）拟公开招标的费用与项目的价值相比，不值得的；（5）法律、法规规定不宜公开招标的。

4. （1）涉及国家安全、国家秘密或者抢险救灾而不适宜招标的；（2）属于利用扶贫资金实行以工代赈需要使用农民工的；（3）施工主要技术采用特定的专利或者专有技术的；（4）施工企业自建自用的工程，且该施工企业资质等级符合工程要求的；（5）在建工程追加的附属小型工程或者主体加层工程，原中标人仍具备承包能力的；（6）法律、行政法规规定的其他情形。

5. （1）组织招标班子；（2）向招投标办事机构提出招标申请书；（3）编制招标文件和标底，并报招标投标办事机构审定；（4）发布招标公告或发出招标邀请书；（5）投标单位申请投标；（6）对投标单位进行资格审查，并将审查结果通知各申请投标者；（7）向合格的投标单位分发招标文件及设计图纸、技术资料等；（8）组织投标单位踏勘现场，并对招标文件答疑；（9）建立评标组织，制定评标、定标办法；（10）召开开标会议，审查投标标书；（11）组织评标，决定中标单位；（12）发出中标通知书；（13）建设单位与中标单位签订施工合同。